王 朝

BBC earth 博思星球

DYNASTIES

王 朝

典藏版

—— 伟 大 的 动 物 家 族 ——

[英]丽莎·里根/文　沈成/译

科学普及出版社
·北京·

北京市版权局著作权合同登记　图字：01-2023-6145

图书在版编目（CIP）数据

王朝：典藏版 /（英）丽莎·里根文；沈成译 . —— 北京：科学普及出版社，2024.4
ISBN 978-7-110-10655-6

Ⅰ . ①王… Ⅱ . ①丽… ②沈… Ⅲ . ①动物 – 青少年读物 Ⅳ . ① Q95-49

中国国家版本馆 CIP 数据核字（2023）第 216120 号

总 策 划	秦德继
策划编辑	周少敏　李世梅　马跃华
责任编辑	李世梅　王一琳　边二华　孙　莉
助理编辑	王丝桐
封面设计	张 苗
版式设计	金彩恒通
责任校对	焦 宁
责任印制	马宇晨

出 版	科学普及出版社
发 行	中国科学技术出版社有限公司发行部
地 址	北京市海淀区中关村南大街 16 号
邮 编	100081
发行电话	010-62173865
传 真	010-62173081
网 址	http://www.cspbooks.com.cn

开 本	635mm×1050mm　1/8
字 数	800 千字
印 张	59.5
版 次	2024 年 4 月第 1 版
印 次	2024 年 4 月第 1 次印刷
印 刷	北京世纪恒宇印刷有限公司
书 号	ISBN 978-7-110-10655-6 / Q·296
定 价	248.00 元

（凡购买本社图书，如有缺页、倒页、脱页者，本社发行部负责调换）

目录

帝企鹅知识

它们是帝企鹅

　　每年冬天，它们都聚集在南极大陆冰天雪地的海岸进行繁殖。这是地球上最为严酷的冬天，而这些帝企鹅以惊人的方式在这样的环境中生存并照料它们的蛋与雏鸟。

　　英国广播公司（British Broadcasting Corporation, BBC）的一个摄制组对这里的一群帝企鹅进行了整整一个繁殖季的跟踪拍摄，记录了这些顽强的鸟类的生活。他们忍受着极端的环境，为我们展现了帝企鹅一年的生活情况，记录了这种濒危动物的生活状态，其成片以英国广播公司《王朝》系列节目中的一集来呈现。

自然奇观

南半球的冬季是每年的六月至八月。在这期间（以及此前和之后的一段时间），我们能够观赏到一种惊人的现象：天空被绿色、黄色和蓝色的旋涡状光芒点亮，令人叹为观止。正是在这段时间，帝企鹅聚集在一起进行繁殖，产下并孵化它们宝贵的蛋。

多种多样的企鹅

帝企鹅只是企鹅的一种，而企鹅有17～20种。对于哪些企鹅是独立的物种，哪些需要归为一类，科学家未能达成一致意见。

共同特征

尽管企鹅属于鸟类，但所有的企鹅都不会飞行。它们的翅膀已经适应了游泳而不是飞行。企鹅大多是黑白两色的，脚上具有鳞片和蹼，身体呈流线型。不同种类的企鹅体形差别很大，体形最大的帝企鹅的身高是体形最小的小蓝企鹅的四倍。

"皇族"

王企鹅属（*Aptenodytes*）包括两种：帝企鹅和王企鹅。这两种企鹅是所有企鹅中体形最大的。它们的头部和颈部都有独特的黄色或橙色的斑块，喙又细又长。

王企鹅

王企鹅的头部两侧各有一个逗号形状的橙色斑块，而帝企鹅头部黑色部分外缘有一抹渐淡的橙色。

帝企鹅

环企鹅

环企鹅属包括加岛环企鹅、洪堡企鹅、斑嘴环企鹅和麦哲伦企鹅（又叫麦氏环企鹅），它们的胸部都有黑色的线条，面部有黑白相间的条纹。这几种企鹅的生活环境比帝企鹅和王企鹅的要温暖得多，它们在洞穴、岩石或者植物下面筑巢。

斑嘴环企鹅有时候被称作"南非企鹅""公驴企鹅"。

巴布亚企鹅

愤怒的小鸟

阿德利企鹅属的企鹅生有帚形尾羽，大规模群居。这类企鹅包括巴布亚企鹅（如图所示）、帽带企鹅和阿德利企鹅。它们会在岩石覆盖的地面上建造石窝，还会相互争夺卵石。

马可罗尼企鹅

小蓝企鹅属是所有企鹅中体形最小的，也被称为"神仙企鹅"或者"小企鹅"。

头戴羽冠

这类企鹅因其外表而被称为"冠企鹅属"或"角企鹅属"，包括黄眉企鹅、翘眉企鹅和马可罗尼企鹅（如图所示）等。它们通常身材矮小，喙又粗又短。有几种拥有特别的红色眼睛或者红色的喙。

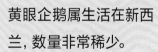

黄眼企鹅属生活在新西兰，数量非常稀少。

企鹅巡礼

企鹅是恒温动物，以食物为"燃料"来保持身体温暖。和其他鸟类一样，它们拥有羽毛、喙和翅膀（尽管它们的翅膀并不用来飞行）。鸟类不会直接产下雏鸟，而是产蛋，它们通常需要孵蛋（保持鸟蛋温暖），直到蛋中的雏鸟孵化出来。

创造新生命

大多数企鹅每年都会繁殖一次。它们通常聚集成巨大的群体来进行交配并生养后代。有些企鹅会筑巢——和那些飞鸟不同，它们用石头堆砌成巢，或者干脆在地上挖个坑作为巢。一对王企鹅夫妇或帝企鹅夫妇每次只产一个蛋，这在企鹅中是很罕见的。其他种类的企鹅会产两个蛋，尽管只有一个蛋有望存活。通常其中一个蛋会比另一个大，有时只有一个蛋能孵化，有时两个都能孵化，但父母会放弃其中较弱小的雏鸟。

例外的是，帽带企鹅通常会把两只雏鸟都抚养长大。

跃入空中

企鹅不会飞，但有些企鹅能在空中短暂停留。它们会在游泳时跃出水面，这种行为被称作"豚跃"。这使它们可以在空中呼吸，并更难被捉住，从而逃离捕食者的追捕。

游泳健将

企鹅摇摆的身姿和蹒跚的步伐可能显得很滑稽，但一旦进入水中，它们会令人刮目相看。许多企鹅的游泳速度可以轻松超过奥运会运动员。一些企鹅能够以 8 千米左右的时速在水中持续前进。如果有必要，帝企鹅可以游得更快，达到每小时 11 千米。巴布亚企鹅被认为是游泳最快的企鹅，在水下的速度可达每小时 35 千米。

生活在何处？

　　与人们通常的认知相反，并不是所有企鹅都生活在冰天雪地中。有些种类的企鹅只生活在天寒地冻的南极大陆以及周围的岛屿上，而其他种类的企鹅则生活在更温暖的地方，包括澳大利亚、新西兰、智利、阿根廷、秘鲁和南非。

追踪企鹅

有些企鹅会长途跋涉。它们通过迁徙来寻找最佳觅食地，然后在每年的繁殖季节回到固定的繁殖地。科学家通过给企鹅做标记的方法来追踪它们。他们把追踪器粘贴在企鹅的背上，使用卫星和全球定位系统（Global Positioning System, GPS）来追踪它们的活动轨迹。根据记录，有些企鹅游了数千千米：麦氏环企鹅沿着阿根廷海岸游了 1 800 多千米；一只帽带企鹅在南大西洋游了 3 600 多千米；最长的纪录来自黄眉企鹅，它在短短的两个多月游了 6 800 千米。

南方的鸟儿

大多数企鹅都生活在南半球，只有生活在赤道附近的加岛环企鹅曾在北半球被发现。

卫星跟踪

科学家还利用卫星以及无人机从高空跟踪企鹅。在南极洲特别容易找到跟踪目标，因为企鹅群在白色的冰雪中格外显眼。即便这些鸟儿不那么显眼，它们留下的大量鸟粪也绝对醒目。

帝企鹅在四月迁徙，前往它们的繁殖地。它们离开大洋，穿越海冰，聚集在一起寻找配偶，然后在十一月或十二月返回海洋。

帝企鹅小档案

在所有的企鹅中，帝企鹅最为独特。它们比其他企鹅都要高和重。为了繁殖和抚养雏鸟，帝企鹅每年都要进行一次令人难以置信的迁徙。这些帝企鹅在南极大陆繁殖，一年中不少时间都在周边的海洋中度过。

王企鹅属的学名为 *Aptenodytes*，意为"无翅的潜水者"。

帝企鹅是群居动物，无论是觅食还是筑巢都聚集成群。在恶劣天气里，它们会挤在一起相互取暖。

帝企鹅会将脚向后倾，让脚趾抬起来，使其不接触冰面。

帝企鹅大多是站着睡觉的。

帝企鹅

学名： *Aptenodytes forsteri*

纲： 鸟纲

科： 企鹅科（根据不同的分类观点，有 17 ～ 20 种）

保护现状： 近危

野外寿命： 平均 15 ～ 20 年

分布： 南极大陆及附近海洋

栖息地： 冰面和海洋

身高： 110 ～ 122 厘米

体重： 22 ～ 45 千克

食物： 鱼、磷虾、枪乌贼等

天敌： 虎鲸、豹形海豹等；会捕食帝企鹅雏鸟的大型海鸟

来自人类的威胁： 过度捕捞造成食物减少，全球变暖造成繁殖地面积缩减

帝企鹅与身高 1.8 米
的人的对比

冰雪世界

南极大陆是地球最南端的大陆，也是最寒冷的大陆，大部分区域都被巨大的冰盖覆盖。有些区域冰层的厚度近 5 千米，掩盖了山峦与其间的山谷。这里几乎没有植物生长，也很少有裸露的岩石，目光所及之处，大部分是茫茫冰原。

陆地边缘

这片大陆被海洋环绕。在海洋与陆地的交汇处，有着不同类型的海冰——固定冰和流冰。固定冰是与海岸或海底冻结在一起的冰，它不沿水平方向漂流，但会在潮汐作用下垂直移动，并在温度上升时融化或破裂。而流冰是不固定的，能够漂流移动。帝企鹅会聚集在固定冰上越冬，并将其作为繁殖地。

覆盖南极洲的南极冰盖是地球上最大的冰盖，它的面积大约是澳大利亚的两倍。

南极洲占据多项世界之最：它是世界上最干燥、最寒冷、风力最大和平均海拔最高的大陆。

大陆中央

一条山脉沿着南极大陆延伸，将南极洲分为东、西两部分。这条山脉被称为"横贯南极山脉"。东南极洲是一个被冰层覆盖的高原；西南极洲面积较小，主要是覆盖着众多岛屿的冰架。许多冰川（缓慢移动的冰河）从大陆中部流向海岸。这些冰川断裂后，巨大的冰块成为冰山，漂流到海洋中。这些冰山有时也会成为生活在南极及其附近的企鹅的休憩之地。

看看我长什么样

一些不会飞的鸟类（如鸵鸟）具有更适合奔跑的身体结构；而企鹅进化成了游泳与潜水的高手。企鹅是食肉动物，以鱼类和其他海洋生物为食。企鹅的体形有利于它们在水中捕食，并躲避海洋中的捕食者。

喙上的鼻孔用来呼吸。

鳍状的翼可以用来游泳。

鱼雷状的身体适合在水中加速前进。

短而粗的尾羽在水中发挥着舵的作用。

企鹅翅膀上的一些骨骼融合在一起，令翅膀成为更硬的"鳍肢"，推动它们在水中前进。

适合游泳的强健胸肌。

步履蹒跚

和许多鸟类相比，企鹅的腿在身体上的位置很靠后，这有利于它们在水中快速前进。不过，这也导致它们在陆地上更难行走，从而拥有了独特的蹒跚步态。企鹅的腿看上去很短，但实际上它们腿和脚的大部分，包括膝盖，都隐藏在羽毛下面。

会飞的鸟类的骨骼是中空的，这使它们足够轻盈，能够在空中飞行。相比之下，企鹅的骨骼更重，更加坚实，这有利于它们潜入水中，并且拥有足够的力量来承受水压。

企鹅的羽毛。

巧妙的"外衣"

企鹅独特的黑白羽毛比许多鸟类的羽毛要短得多，也硬得多。这些羽毛的间隙中有很多空气，形成一个隔热层，有助于企鹅保持温暖，也使它们的体形在水中更接近流线型。企鹅会整理自己的羽毛，使其更防水。

企鹅的尾部附近有一个能够分泌油脂的特殊腺体，它们会用喙将这些油脂涂抹在羽毛上。

猫头鹰的羽毛。

张开大嘴

企鹅喙的构造适合吞下滑溜溜的鱼。企鹅的喙与犀牛角和人类的指甲一样，都是由角蛋白构成的。它们的舌头上有被称为"锥状乳突"的向后的倒刺，这样鱼就很容易滑进喉咙。企鹅没有牙齿，味蕾也很少，所以它们可能几乎尝不出食物的味道。

很多动物园的管理员发现，企鹅吃鱼的时候更偏好让鱼头朝着自己。

身体大揭秘

帝企鹅的外形与构造和其他种类的企鹅有许多共同之处。不过它们也具有一些特殊的适应性特征，以便在南极洲最严酷的冬季生存下来。硕大的体形就是其中之一；企鹅的体形越大，越有利于保持身体温暖。

帝企鹅生活在气温可低至零下60摄氏度的地方，而特殊的适应性特征让它们的体温能够保持在38摄氏度左右。

帝企鹅的羽毛与肌肉相连，因而可以竖立或者放下（紧贴身体），这使得它们在水中的行动更加顺滑自如，而在陆地上时又能令羽毛间储存更多的空气。

帝企鹅的耳的外表就是两个孔，被羽毛覆盖着，没有耳郭。

特别适合从呼吸中回收热量的喙。

头部和胸部有独特的黄色斑纹。

皮下有一层3厘米厚的脂肪，可以保持身体温暖。

翅膀占身体的比例比其他企鹅小，这样能够减少热量流失。

内层的绒羽质地柔软，有利于储存空气。

坚硬的外层羽毛能够挡风防水。

尾部具有平衡的功能，在帝企鹅站立时，尾羽有助于保持直立。

羽毛特征

帝企鹅的羽毛有助于保暖。帝企鹅需要层层叠叠的羽毛覆盖它们的身体。单位面积的羽毛数量被称为"羽毛密度"。人们一度认为帝企鹅的羽毛密度是所有鸟类中最高的，每平方厘米约15根羽毛，但后来发现实际密度远低于此。2015年，科学家发现它们的羽毛密度更接近每平方厘米9根，具体取决于羽毛的类型。从表面看，帝企鹅体表覆盖光滑整洁的正羽，其实它们还拥有蓬松的绒羽。

和其他企鹅一样，帝企鹅的腿看起来很短，实际上双腿的大部分都隐藏在羽毛之下。

育雏囊是帝企鹅脚面上方一层带有羽毛的皮褶，用来覆盖在蛋和雏鸟身上，即使雏鸟长到相当大了也会躲在育雏囊下。

刚孵化的帝企鹅雏鸟只有大约400克重（大概和一罐番茄罐头差不多重）。

头部有黑色和白色的斑纹，直到成年才显现出橙黄色。

没有外层的防水羽毛，只有绒羽。

小小的喙能够防止热量过度散失。

相聚在一起

　　繁殖季开始时，数以千计的帝企鹅离开海洋，长途跋涉，穿越冰层聚到一起。在成功配对之后，它们将在这个星球最严酷的寒冬，照顾和孵化它们的蛋，并抚育雏鸟。

做好准备

一旦旅程开始，帝企鹅们就将无法进食。冰面上没有食物，因此它们会提前大量进食，花很多时间在海中捕鱼，尽可能吃饱，以增加体重。

扫码看视频

新配对的帝企鹅伴侣跳着优雅的舞蹈，相互吸引，建立情感纽带。

混合搭配

有些帝企鹅会与上一年的伴侣重聚，这种情况对于帝企鹅来说不太常见。只有大约 15% 的帝企鹅会找到从前的伴侣。帝企鹅是所谓的"阶段性一夫一妻制"。它们在一个繁殖季内只有一个伴侣，但第二年，大部分会与新的伴侣配对。

看一看我

雄性帝企鹅通常比雌性帝企鹅更早到达冰面。它们抵达后就开始准备求偶仪式。为了寻找配偶，雄性帝企鹅在群体中走来走去，头朝地面，发出响亮的喇叭般的叫声。当它发现一只似乎对自己感兴趣的雌性帝企鹅时，就会与其面对面站着，相互模仿对方的动作。通常情况下，雌性帝企鹅一开始会加入这个仪式。如果对这只雄性帝企鹅的兴趣减弱，它就会在短短的一分钟后拒绝模仿对方的动作；如果对这只雄性帝企鹅的兴趣加深，它就会继续模仿对方的动作。雄性帝企鹅会保持一个姿势一段时间，然后变换姿势，雌性帝企鹅会跟随雄性帝企鹅的引领。它们低下头，将喙抵在胸前，然后把脖子向上伸，凝视对方。最终，它们结成了一对伴侣。

交配

一旦结成伴侣，它们就会进行交配。雄性帝企鹅会爬到雌性帝企鹅的背上。因为体形的原因，这个动作不易完成。雄性帝企鹅往往很难稳住，不从雌性帝企鹅身上掉落。

关于蛋的一切

　　和其他鸟类一样，帝企鹅产蛋并孵出下一代。然而，它们不筑巢，也不会卧在蛋上，而是将蛋放在自己的脚背上，使其不接触冰面。

保护鸟蛋

在五月或者六月初，雌性帝企鹅会产下一枚蛋。蛋从体内出来，落在两腿之间。这枚蛋尖的一头落在冰面上，这是蛋壳最坚固的部分。帝企鹅妈妈必须迅速将蛋从冰面上转移到它的双脚上，保护蛋不被冻坏。然后，它用自己的育雏囊盖住蛋，尽可能地让蛋保持温暖。

一枚帝企鹅蛋重约460克，约为一个大鸡蛋的八倍。

扫 码 看 视 频

换班

孕育后代是非常消耗能量的过程。蛋在雌性帝企鹅体内发育的这段时间，雌性帝企鹅的体重会减轻许多。产蛋之后，雌性帝企鹅迫切需要进食，这意味着它需要回到海洋。所以，雌性帝企鹅必须把蛋交给雄性帝企鹅来照顾。雌性帝企鹅会小心翼翼但又迅速地将蛋推向雄性帝企鹅。如果接触冰面太久，蛋就会被冻住，不能孵化出雏鸟。一旦完成交接，雌性帝企鹅就开始了返回海洋的漫长旅程。可能直到蛋孵化后，它才会再次见到自己的配偶。

寸步不离

现在，轮到帝企鹅爸爸肩负这项艰辛的工作了。它必须尽最大努力使这个蛋保持温暖和安全，直到蛋孵化。在南极洲，这项工作尤其艰巨，那里的气温会降到零下 60 摄氏度。帝企鹅爸爸很难独自完成这项工作，整个帝企鹅群的爸爸们必须共同努力。它们挤在一起，相互取暖（见第 34 页）。

悲剧

并非所有的蛋都能熬过寒冬。有些蛋会丢失或被遗弃；有些蛋会从帝企鹅爸爸脚上掉下来，因落在冰面上太久而不能孵化出雏鸟。

雏鸟的生活

通常情况下，帝企鹅雏鸟会在由爸爸照顾时，从蛋中孵化出来。不久，它的妈妈会带着食物返回。但可能在此之前，雏鸟就要吃生命中的第一餐。雏鸟在逐渐长大的过程中将学会照顾自己，并最终到海洋中独立觅食。

破壳而出

和大多数鸟类一样，帝企鹅雏鸟喙的尖端有个尖锐的突起，这被称作"卵齿"，卵齿能够帮助雏鸟在蛋壳上敲出一个裂缝。之后雏鸟不再需要卵齿，这个突起也随之消失。雏鸟还拥有一种特殊的颈部肌肉，这种强健的肌肉能够帮助它破壳而出。雏鸟可能需要几个小时才能完全从蛋壳中爬出来。

第一餐

饥饿的雏鸟会将喙往上伸，以寻求食物。它的爸爸会喂给它一种特殊的食物——从胃里反刍出来的一种白色分泌物，其中含有雏鸟需要的营养物质，能够帮助它健康成长。很快，妈妈回来了，它会接手养育孩子的工作。这时，爸爸就能够抽身，返回海岸觅食。

帝企鹅爸爸妈妈会把吞下的鱼带回来,再反刍出来(就像呕吐一样)喂给雏鸟。

捕鱼之旅

帝企鹅爸爸妈妈会轮流离开雏鸟,前去捕鱼。每次返回,它们都会大声呼唤,寻找自己的伴侣和雏鸟。仅靠眼睛很难找到对方,所以它们通过独特的叫声辨别彼此。雏鸟大概有长达两个月的时间都待在爸爸或妈妈的脚背上,在这段时间里,它们的体重几乎每两周增加一倍。

约两周大的雏鸟拥有梨形的轮廓,全身覆盖着蓬松的灰色绒羽。

雏鸟抱团

帝企鹅雏鸟生存不易。即便它们长大,可以用自己的双脚站立,也得继续学习如何应对南极洲的恶劣天气。爸爸妈妈这时会一同去捕鱼,把雏鸟单独留在繁殖地。虽然这些雏鸟能够像它们的爸爸那样挤作一团,但它们的羽毛仍然可能被冻住。由于能见度很低,一旦走散它们就可能无法找到回去的路,最终陷入危险。

帝企鹅的菜单

　　帝企鹅是食肉动物，它们的食物包括鱼、乌贼和磷虾。它们会游到开阔的海洋中寻找食物，也会潜入海底捕捉下一顿美餐（见第36页）。

什么是食物链?

食物链描述了生物之间由吃与被吃而形成的食物关系。它展示了谁吃谁，以及当一种生物吃另一种生物时，能量是如何转移的。食物链的起点是生产者，生产者是指能够利用阳光生产自己所需养分的生物，主要是植物。接下来是初级消费者，也就是以生产者为食的食草动物。然后是次级消费者，即以食草动物为食的捕食者。三级消费者以比它们低一级的次级消费者为食。在第33页的食物链中，四级消费者几乎没有天敌，也被称为顶级捕食者。食物链，如"浮游植物→磷虾→鱼→企鹅"，其中的箭头由被捕食者指向捕食者，表示生物之间能量流动的方向。

微小生物

要获取食物，帝企鹅必须与其他生活在海洋中的动物竞争。这些动物中很多都以磷虾这种小生物为食。这些小小的无脊椎动物与螃蟹、龙虾都属于甲壳动物。磷虾处于食物链比较靠前的环节，以浮游生物为食。尽管体形微小，它们却是鲸、海豹以及帝企鹅等体形较大的捕食者的重要食物来源。

南极磷虾是体形最大的磷虾物种之一，可以长到人的小拇指那么大。

什么是食物网?

多条食物链组合在一起,就形成了一张食物网。食物网展示了一个生态系统中的生物是如何相互作用的。在食物网中,一种生物可能是不止一种动物的食物。一个健康的生态系统,其食物网能够保持平衡。例如,豹形海豹会捕食其他海豹,这使其他海豹的数量得到控制,并防止它们吃掉太多其他物种赖以维持生存的鱼类。

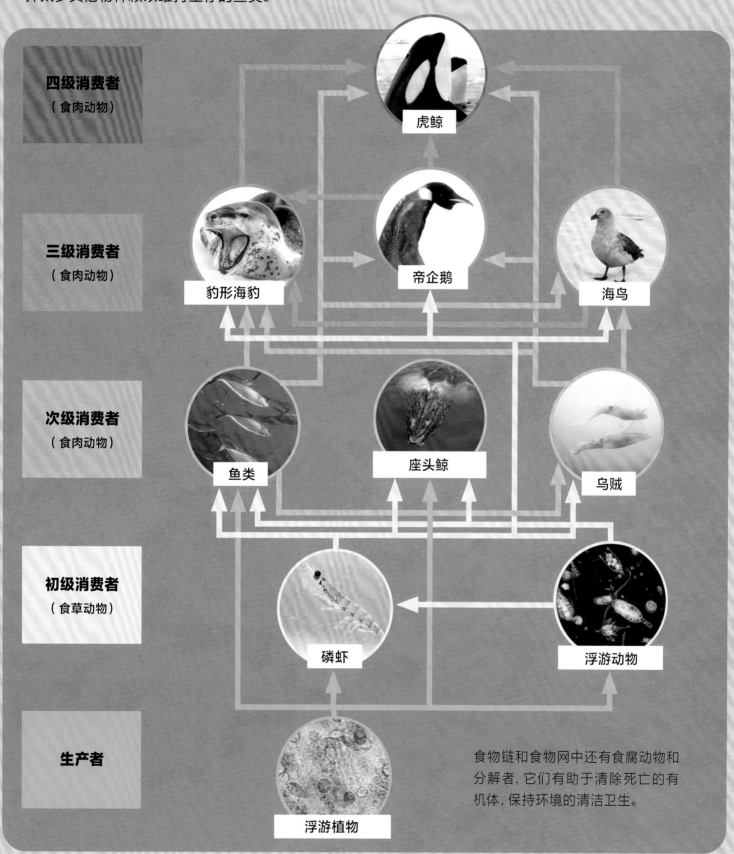

四级消费者
(食肉动物)

虎鲸

三级消费者
(食肉动物)

豹形海豹　帝企鹅　海鸟

次级消费者
(食肉动物)

鱼类　座头鲸　乌贼

初级消费者
(食草动物)

磷虾　浮游动物

生产者

浮游植物

食物链和食物网中还有食腐动物和分解者,它们有助于清除死亡的有机体,保持环境的清洁卫生。

注: 箭头从食物指向吃它的生物。

冰上生活

冰面和海洋在帝企鹅的生活中都是不可或缺的。在南极洲度过寒冬很不容易。这些帝企鹅必须能够应对零下 60 摄氏度的气温，并且不得不在海岸和繁殖地之间跋涉数十千米。

扫码看视频

这些雄性帝企鹅紧紧地挤在一起，当它们分散开时，甚至会有蒸汽飘散出来。

抱团取暖

没有哪种企鹅的团队合作能比得上帝企鹅。在南极洲最恶劣的天气中，它们挤在一起，形成一个巨大的群体，抱团取暖，共渡难关。暴风雪期间，聚在一起的雄帝企鹅可多达 4 000 只；它们形成一个巨大的圆，每一只帝企鹅都面向中心，这样有助于保持体温，以免热量散失到冰冷的空气中。位于帝企鹅群中心的帝企鹅暖和之后，就会让其他帝企鹅从外层进到里层来。外层的帝企鹅有时候也会绕着圈挪动到帝企鹅群的另一侧，避开刺骨的寒风。

南极洲的冰层并不平坦，帝企鹅会遇到斜坡、裂缝等障碍。它们会借助像冰镐一样强壮的喙来攀爬。

东奔西走

帝企鹅特有的摇摆步伐是一种节省能量的冰面移动方式，但速度很慢。帝企鹅经常采用另一种移动方式，即腹部贴着冰面，用爪子推进向前滑行。这种"雪橇式滑行"速度要快得多。

一只雄性帝企鹅每天的睡觉时间可长达 20 小时，这有助于节省能量。

一丝不乱

帝企鹅在陆地上时会花一些时间打理羽毛，这个过程被称为"理羽"，包括梳理、清洁以及给羽毛涂油。它们会用喙仔仔细细地梳理从头到脚的羽毛。当污垢被清理干净后，它们用喙尖从尾部下方特殊的腺体（尾脂腺）获取分泌的油脂，并把这些油脂涂在羽毛上，以保护羽毛，让羽毛处于最佳状态。

换羽

鸟类需要定期更换羽毛，这个过程被称为"换羽"。帝企鹅也不例外，它们褪去损坏或者磨损的羽毛，获得一身崭新的羽毛，保护自己度过冬季。在换羽期，它们只能待在冰面上，直到新的羽毛长出来。

扫码看视频

海中生活

帝企鹅特别适合在海洋中生活。它们黑白两色的身体虽然在陆地上很显眼，在水中却能帮助它们隐蔽自己。帝企鹅具备非常特殊的适应性，能够应对咸水，并且能比地球上任何其他鸟类都潜得更深、更久。

打破纪录

所有企鹅都在海洋里捕食。不同种类的企鹅下潜的深度不一。帝企鹅非常擅长潜水，它们能够在水下停留 20 分钟。所有鸟类中潜水时间最长的纪录是 32 分钟，由一只帝企鹅创造。科学家记录到的鸟类潜水最深的纪录也来自帝企鹅。这只帝企鹅身上安装了一个能够记录其潜水活动的微型摄像机。这只被标记的帝企鹅潜水深度达到 564 米，甚至超过了广州周大福金融中心的高度（530 米）！

帝企鹅能够从海中跃起一段惊人的距离，跳到冰上。

隐身绝技

企鹅背部是黑色的，腹部是白色的，这有利于它们在海洋中隐蔽。这样的颜色被称为"反影伪装"。捕食者如果位于企鹅下方，在水面白色亮光背景的映衬下，就很难看清企鹅白色的腹部。而如果从上方向下看，那么企鹅背部的黑色又与下方深邃黑暗的海水融为一体，如同隐身。

咸味饮食

帝企鹅在海洋中生活并以海洋动物为食，这意味着它们的身体需要应对大量的盐分。它们的眼睛上方有一种名为眶上腺的腺体，能够处理盐分。眶上腺可以过滤出血液中多余的盐分，随后这些盐分会沿着喙滴下来，帝企鹅会通过摇头或者做一种类似打喷嚏的动作来甩掉这些盐分。

只有两种企鹅只在南极洲繁殖，它们是帝企鹅和阿德利企鹅。

帝企鹅的一年

帝企鹅每年都遵循一个自然周期进行活动，只有这样，在温暖的夏季来临时，雏鸟才能刚好长到足够大，它们存活下来并长至成年的可能性才最高。

一月至三月

这几个月里，成年帝企鹅在开阔的海域觅食。海水正变得越来越冷，在陆地的边缘，固定冰逐渐形成。那里将是帝企鹅聚集繁殖的地方。这些冰架会存在九个月左右，然后再次融化。

四月

现在帝企鹅该离开海洋，前往繁殖地了。由于目的地不同，这些帝企鹅需要行进的距离不同，有的只需要行进 20 千米，有的甚至要行进 120 千米。一旦抵达，它们就会开始寻找伴侣。

五月至六月

五月，太阳落下后，在接下来八个星期的时间里，光亮只来自月亮或地平线下方太阳的微弱光芒。

帝企鹅妈妈产下蛋，并将蛋交给帝企鹅爸爸照顾。帝企鹅妈妈要返回海洋，并在海洋里度过大约九个星期。白天越来越短，越来越冷。太阳落下，极夜来临，直到第二年春天才会再次升起。

七月至八月

寒冬时节，帝企鹅爸爸们竭尽全力生存下来并保证蛋的安全，直至它们孵化。之后，帝企鹅妈妈们回来了，还带回了雏鸟的第一顿正餐。现在，轮到帝企鹅爸爸们前往海洋捕食了。

九月至十一月

由父母喂养的雏鸟体重逐渐增加。当父母都前往开阔海域觅食时，还在成长中的雏鸟会被留在繁殖地。

这里的气温可低至零下 60 摄氏度，风速高达每小时 200 千米，任何生物在这里的生存都难上加难。

十二月至一月

到了十二月，雏鸟原先的灰色绒羽已经被具有防水功能的正羽取代。这些雏鸟已经准备好前往大海，自己去捕食了。气温开始上升，海冰日渐破碎，帝企鹅繁殖地与海洋之间的距离也因此缩短了。

小心！

生活在南极洲也有好处：这里很少有让帝企鹅害怕的天敌。然而，它们还是要小心一些饥饿的捕食者，无论在水中还是在陆地上。

巨鹱（hù）

雏鸟猎手

成年帝企鹅在冰面上通常是安全的，但雏鸟由于体形较小，又缺乏生存经验，所以很容易受到伤害。大型海鸟会从空中捕食它们。巨鹱是一种非常凶猛的鸟，会攻击帝企鹅雏鸟，还会搜寻死去的帝企鹅雏鸟来吃。南极贼鸥则会寻找未孵化的帝企鹅蛋来填饱肚子。

南极贼鸥

水中危机

帝企鹅的游泳速度比人类快得多, 时速可以达到 10 千米以上。同时, 它们还非常灵活, 通过翅膀的推动, 能够在水中快速地扭动和转向。但是, 有些捕食者的速度更快、动作更敏捷。

虎鲸的体长可以达到 8~9 米, 背鳍高度可达 2 米, 比大多数人还要高。它们黑白的体色也有利于在水中"隐身"。

虎鲸

虎鲸也被称作"逆戟鲸", 是海洋中最强大的猎手之一, 它们的牙齿可达 10 厘米长。虎鲸采用团队合作的方式进行捕猎, 这会大大提高捕猎的成功率。虎鲸群可能会专门捕食某种特定的猎物(例如鱼类、企鹅、海豹或者其他鲸类), 并且拥有针对特定目标猎物的高超捕猎技巧。在猎杀体形较小的帝企鹅时, 虎鲸群有时会用尾部拍打海面或者在邻近冰面处潜入海中, 以此来制造巨大的海浪, 将帝企鹅从浮冰上冲下来。

豹形海豹

正如其名, 这种大型海豹拥有像豹子一样布满斑点的漂亮毛皮。同样, 它们也具有长而锋利的犬齿, 是非常凶猛的猎手。有时候豹形海豹会上岸, 在冰面上追捕帝企鹅。但它们最成功的捕猎策略是躲在冰架边缘附近的水下, 等待帝企鹅跃入海中时将其抓住。

南极动物

在南极洲及其周边地区可以发现数量惊人的生物。除了捕食帝企鹅的大型捕食者（如虎鲸、豹形海豹，见第41页），还有许多其他哺乳动物在这么危险又遥远的南方活动。此外，还有许多鸟类、鱼类和其他迷人的海洋生物，比如海绵、枪乌贼和贝类。

座头鲸等须鲸头顶上有两个用来呼吸的气孔。

鲸类

一年中的不同时期，在南极海域能够发现几种不同的鲸。其中一些在南极的夏季向北迁徙，到较温暖的海域产崽。在南极发现的鲸类中有六种属于须鲸亚目，它们聚集在这里，以磷虾为食。须鲸没有牙齿，它们口中有数百块鲸须板，可以将水中的磷虾过滤出来。而齿鲸亚目的鲸类拥有圆锥形的牙齿，因此它们可以捕食鱼类、鸟类以及像海豹这样的哺乳动物。除了体形最大的抹香鲸，其他齿鲸的体形都比须鲸小。

南极地区常见的鲸类：
须鲸亚目有蓝鲸、长须鲸、塞鲸、小须鲸、南露脊鲸、座头鲸；
齿鲸亚目有抹香鲸、虎鲸。

海豹

海豹在很多时候是待在水中的，但与鲸类不同，它们要到陆地上产崽。在南极，这通常意味着要在冰面上产下幼崽。海豹是食肉动物，捕食鱼类、枪乌贼和磷虾。它们经常出没在海冰之下，那里的水温通常比冰面上的气温要高。

南极地区常见的海豹与海狮：
豹形海豹、韦德尔海豹、食蟹海豹、大眼海豹、南象海豹、南极毛皮海狮。

韦德尔海豹（如图所示）在冰面上产崽。刚出生的幼崽太小了，无法在水中生存。

海床之上

科学家已经开始进一步研究南极大陆周围的海底世界。在这片冰冷的海洋深处，生活着巨大的海蜘蛛、蠕虫以及海绵。

43

威胁的阴影

世界上众多的人口和人类活动给企鹅的生存带来了许多问题。
过度捕捞、污染、气候变化和栖息地丧失都影响着企鹅的数量。

冰的麻烦

南极洲的帝企鹅面临着气候变化带来的问题。海洋温
度上升导致了海冰消融，进而压缩了它们的繁殖空间，
也缩短了它们繁殖季的长度。帝企鹅可能无法再聚集
起如此多的数量进行繁殖，并且冰架每年可能无法冻
结足够长的时间以持续帝企鹅的整个繁殖周期。科学
家认为，50 年后这里的冰将会更少。这也会影响其他
种类的企鹅。科学家预测，到 21 世纪末，大约 60%
的阿德利企鹅种群规模将会缩小。

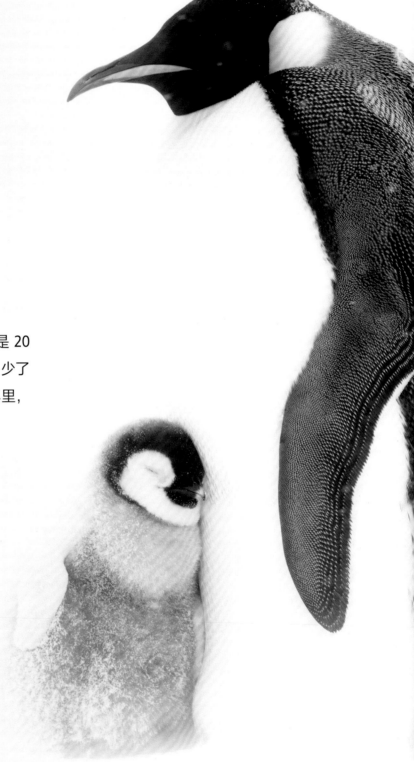

迄今为止，帝企鹅数量锐减最严重的时期是 20
世纪下半叶，有些种群的帝企鹅数量几乎减少了
50%。如果这种情况继续下去，在未来几十年里，
帝企鹅数量将会进一步减少。

食物短缺

随着人口的增长，人类对食物的需求也在增
加。为了满足饮食需求，人们捕捞的鱼越来
越多，这使得在海洋里捕食鱼类为生的其他
生物难以觅食。鱼类并不是唯一被人类大量
捕捞的生物，磷虾也同样如此，而人们捕捞
磷虾并不是为了食用，而是将其作为营养补
充剂或者用作动物饲料。磷虾在食物网中起
着极其重要的作用，为比较靠后的环节的数
百种生物提供了食物。帝企鹅以磷虾为食，
也捕食以磷虾为食的鱼类。如果人类从海洋
中捕捞过多的磷虾或鱼类，帝企鹅就要挨饿。

塑料污染

人类生产的许多垃圾最终都进入了海洋。在南极洲生活和开展研究的人需要遵守严格的垃圾管理和回收规定,但来自世界各地的垃圾还是会随着洋流漂到这里。塑料垃圾可能对海洋生物造成非常严重的危害。据估计,每年有大约 100 万只海鸟因为误食塑料垃圾或者被塑料垃圾困住而死亡。

EX 灭绝	世界自然保护联盟(IUCN)的《受胁物种红色名录》是衡量世界生物多样性健康状况的指标。
EW 野外灭绝	
CR 极危	
EN 濒危	在世界自然保护联盟《受胁物种红色名录》中,**黄眼企鹅**和**斑嘴环企鹅**被列为濒危级别。
VU 易危	**帝企鹅**被列为近危级别,但其状况正朝着易危级别发展。
NT 近危	
LC 无危	其他一些企鹅,例如王企鹅,被列为无危级别。

塑料垃圾危害尤其大的一个原因是它们经久不腐。这些垃圾能够在海洋中漂流数百年之久,即使它们开始分解,也会形成微小的塑料颗粒。动物误食这些塑料颗粒后,身体仍受到伤害。

一团糟

各种企鹅的海洋栖息地都可能遭到石油的严重污染。这些石油可能是被故意倾倒的,也可能是意外溢出或者泄漏到海水中的。对于海鸟来说,石油污染是灾难性的,因为油污会使鸟类的羽毛粘在一起,导致它们无法正常游泳,还会使羽毛的防风性和防水性下降。企鹅和其他海鸟在试图清理羽毛时如果吞下了这些油污,也会生病或死亡。

帝企鹅的故事

相信你已经对帝企鹅有了更多的了解。现在你可以读一读这群帝企鹅的故事，看看它们是如何在酷寒的冬季挣扎求生，度过繁殖期的。

　　这只帝企鹅此刻虽然形单影只，但它很快就会迎来成千上万的同伴。

这些帝企鹅聚集在南极附近的阿特卡湾，生育小帝企鹅，为它们的帝企鹅

王国培养下一代。

现在是秋天，而海面已经冻结了。接下来的几个月，这些帝企鹅将要面对地球上最严酷的冬天。它们的当务之急是找到伴侣。大多数帝企鹅每年都会找一位新的伴侣。

它们有一套优雅的求爱仪式，可以用来吸引伴侣。雄性帝企鹅会靠近一只雌性帝企鹅，然后开始跳求偶的舞蹈。它低下头，用喙指着地面。那只雌性如果对它有好感，就会模仿它的动作。它们彼此就像镜中的自己，一起慢悠悠地左右挪动、低头抬头……

白天越来越短，也越来越冷。终于，太阳这一次落山后，长达两个月的极夜就将开始。要等到春天，太阳才会再度升起。这段时间，帝企鹅只能生活在朦胧昏暗的世界里，唯有空中的皎皎孤月为它们照亮。

帝企鹅妈妈孕育了新的生命，现在即将生产。它能感觉到蛋已经准备好要出来了！很快，蛋就尖尖朝下掉到了冰面上，它立刻以最快的速度把蛋挪到了自己的脚上。

冰上找不到食物吃。帝企鹅妈妈怀孕期间已经有一个多月没吃过东西了。为了孕育宝贵的蛋，它耗费了太多能量，体重减轻了四分之一。

帝企鹅妈妈必须回到大海里去找东西吃。它没办法带着自己的蛋一起上路，便把蛋托付给了帝企鹅爸爸。蛋的交接是个精细活儿。如果这个过程中帝企鹅爸爸妈妈笨手笨脚配合不当，让蛋在冰面上待得太久，蛋就可能被冻坏。

交接完成，帝企鹅爸爸就要独自承担起照顾蛋的重任了。它把蛋放在自己脚上，再用一层特别的皮褶——育雏囊把蛋盖住。

所有的帝企鹅爸爸妈妈都会完成这样的交接。在接下来的几天里，帝企鹅妈妈们将离开这里，长途跋涉，返回大海，其中有些可能直到蛋孵化都不会回来。

伴随着刺骨的寒风，气温迅速下降。此时，帝企鹅爸爸们展现出令人叹为观止的团结精神。它们紧紧挤在一起，共御严寒，彼此温暖，也尽可能给自己的蛋保暖。

抱团取暖的帝企鹅群会不断调整位置。每只帝企鹅轮流待在中间最暖和的地方，过一会儿再把这个位置让给其他帝企鹅，这样大家都能暖和起来。整个帝企鹅群摇摇晃晃地移动着，不停变换位置，外圈的帝企鹅也都能逐渐挪动到中间。

帝企鹅群被肆虐的暴风雪包围。气温降到了零下 60 摄氏度。外圈的帝企鹅几乎度秒如年，难以忍受。

扫码看视频

暴风雪可能会持续数日。好不容易等到风暴结束，几乎要被雪掩埋的帝企鹅们终于渐渐复苏。可有些帝企鹅蛋没能挨过这场暴风雪，还有些成年帝企鹅同样没能幸免于难。幸存下来的帝企鹅很多也都饱受摧残，饥肠辘辘、筋疲力尽。

风暴迫使帝企鹅群离开了冰面上最安全的地方。在狂风和暴雪的驱赶下，帝企鹅群移动了近 1 000 多米，可它们自己几乎毫无察觉。虽然帝企鹅们已经疲惫不堪，但它们不得不迈开脚步，走回安全的地方，准备好重新聚集成群，因为风暴必定会再度来袭。

经过两个月极端恶劣的天气，极夜告一段落。终于，在帝企鹅群的中心之外，开始有了一丝丝温暖的迹象。

太阳的回归恰逢企鹅群的新成员——帝企鹅宝宝们出世。帝企鹅蛋一个接一个地孵化，小小的帝企鹅宝宝纷纷破壳而出。

扫码看视频

　　饥饿的帝企鹅宝宝们一个个张着嘴巴，嗷嗷待哺，可帝企鹅爸爸不能丢下宝宝自己去捉鱼。尽管帝企鹅爸爸们已经将近四个月没有吃东西了，但它们还有一点点"存粮"。它们储备了一种带有鱼腥味的、类似初乳的食物，可以喂给刚出生的小帝企鹅吃。

　　帝企鹅爸爸的投喂让小帝企鹅暂时得以存活，但这只够维持几天。

万幸的是，帝企鹅妈妈们很快就要满载而归了。帝企鹅爸爸们翘首企盼，等待第一个帝企鹅妈妈的身影从地平线上冒出来。

帝企鹅妈妈们已经吃得饱饱的了，个个身形都圆润了不少，还带回了食物给帝企鹅宝宝们吃。

帝企鹅爸爸们终于可以自己去大海里觅食了。但在离开之前，必须先把帝企鹅宝宝安全地交还到帝企鹅妈妈的手上……哦不，是脚上。

　　并非每一对帝企鹅爸爸妈妈都有幸参与这一次帝企鹅宝宝的交接。有些小帝企鹅在蛋里的时候就夭折了；还有一些虽然坚持到了孵化，但最终还是没能活下来。那些不幸失去孩子的帝企鹅妈妈可能并不甘心放弃，其中有些就会趁着别的爸爸妈妈交接时试图把帝企鹅宝宝抢走。

　　因此，有的帝企鹅宝宝会跟自己的亲生父母失散，存活希望渺茫。而那些被抢走了孩子的帝企鹅，辛苦忙碌一个冬季，到头来却是竹篮打水一场空。

　　不过，对于大部分按部就班的帝企鹅爸爸妈妈来说，现在轮到帝企鹅妈妈照看孩子了。帝企鹅爸爸终于可以回海里觅食了。它们不仅要填饱自己的肚子，还得多带些食物回来给小帝企鹅吃。

　　帝企鹅妈妈把自己带回来的食物喂给小帝企鹅，这是小帝企鹅第一次尝到海里的食物。接下来的几周，帝企鹅爸爸和帝企鹅妈妈会轮流带回食物。但很快，这些食物就无法满足小帝企鹅越来越大的胃口了，帝企鹅爸爸妈妈得同时去觅食才行，小帝企鹅只能被独自留下。

小帝企鹅们很快学会了像成年帝企鹅那样抱团取暖。爸爸妈妈出海时，它们就聚在一起，紧紧挨着，仿佛待在一个帝企鹅托儿所里。

太阳爬得越来越高，冰开始融化，风暴却并未结束。
气温仍然会降到零下 25 摄氏度。

成年帝企鹅为了寻找食物而来来往往，小帝企鹅有时候也会跟着，但如果是在暴风雪天，就可能会遇到大麻烦。白茫茫的风雪之中，能见度很低，可能一眨眼爸爸妈妈就不见了踪影，徒留迷失方向的小帝企鹅，在风雪中不知所措。

即便这时小帝企鹅能够遇到一只成年帝企鹅，跟着它走，也是很冒险的。如果这只成年帝企鹅正要去海边，那么对于小帝企鹅来说，跟着它走无异于一场灾难。幸运的是，这只小帝企鹅找到的是一只要返回帝企鹅群的成年帝企鹅。

终于，夏天来了，最后的风暴也已经过去，冰雪渐渐消融。小帝企鹅们差不多完全长大了，几乎可以自食其力。

它们距离成年还差最后一步——换羽。成年帝企鹅也要换羽，即蜕去旧羽毛，长出新羽毛。

三分之二的小帝企鹅存活了下来。它们很快就能自己去海里觅食了。帝企鹅爸爸妈妈们成功地养育了下一代帝企鹅。

老虎知识

这是拉杰·贝拉

拉杰·贝拉是一只已经成年的雌性孟加拉虎，生活在位于印度中部的班达迦老虎自然保护区。在这里生活的动物受到保护，猎杀动物和破坏森林都是违法的。

英国广播公司的一个节目组对拉杰·贝拉进行了两年的跟踪拍摄，记录了一只野生老虎在21世纪的生活状态，其成片以英国广播公司《王朝》系列节目中的一集来呈现。

全家福

　　拉杰·贝拉身边有四只虎崽：一只雌性和三只雄性。一开始，它把虎崽们藏在一个山洞里以保护它们的安全。虎崽们会逐渐长大，变得越来越强壮。它们会和母亲待在一起长达两年，直到能够自力更生。拉杰·贝拉生育过的另外一只雌性虎崽已经长大，它离开了母亲的领地，独自生活和捕猎。

老虎的种类

　　不同亚种的老虎生活在世界上的不同区域。它们看起来都很相似，但体形和颜色略有差别。拉杰·贝拉是一只孟加拉虎，这是最常见的一个老虎亚种。

猫科动物家族

老虎与宠物猫在分类学上同属一个科：猫科。这个科又分为几个不同的类群，每个类群称为"属"。虎、狮、美洲豹、豹和雪豹同属于豹属（Panthera）。这个属的每个成员都有自己的物种学名，虎的学名是 Panthera tigris。而虎这个物种又包含多个亚种，可惜其中一些亚种已经灭绝了。

孟加拉虎（印度虎）
Panthera tigris tigris

孟加拉虎拥有独特的黑色条纹和橙黄色的皮毛，体形大小仅次于东北虎。

东北虎（西伯利亚虎）
Panthera tigris altaica

该亚种的毛发通常比其他亚种的更长，颜色也更浅。它们的条纹不太黑，而是近似棕色。

大陆虎

嗷呜！

除了雪豹，豹属成员都能发出吼叫声，这是它们与猫科动物中其他类群的差别之一。

印支虎
Panthera tigris corbetti

该亚种的条纹比孟加拉虎的更短、更细。它们生活在森林和山地，行踪难觅，科学家很难对它们开展研究。

苏门答腊虎
Panthera tigris sumatrae

在印度尼西亚的爪哇岛和巴厘岛上分布的爪哇虎和巴厘虎已经灭绝了。目前仅剩的岛屿虎是苏门答腊虎，它们被列为极危物种。

华南虎
Panthera tigris amoyensis

该亚种被列为极危物种，它们实际上已经在野外灭绝，如今在有些动物园里还能见到它们。

马来虎
Panthera tigris jacksoni

马来虎与印支虎非常相似，但体形通常更小，它们生活在马来西亚的热带森林之中。

大陆虎

岛屿虎（苏门答腊虎）

生活在何处

印度以其数量丰富的老虎而著称，但这些强大的动物曾经生活在亚洲大部分的地区。100 年前，老虎的数量可能超过 10 万只，它们的分布区域很广，从土耳其以西到俄罗斯东部，横跨整个亚洲大陆，向北几乎延伸至北极圈，向南到达赤道。长期以来，老虎一直遭到人类猎杀，并且被赶出曾经的家园，如今它们的种群数量和分布范围都在急剧缩减。

空间挤压

人类现今在地球上所占据的空间日益增大。在过去的一个世纪里，老虎的分布范围已经缩减了 93% 以上。目前大陆虎的主要分布区域仅限于中国、俄罗斯、印度、尼泊尔、孟加拉国、不丹、朝鲜、缅甸和马来西亚等国家的部分区域。

岛屿上的老虎

苏门答腊虎被列为极危物种，目前在野外生存的苏门答腊虎不足 400 只。它们曾经分布在印度尼西亚的各个岛屿上，但如今在爪哇岛和巴厘岛已经绝迹。仅存的苏门答腊虎（巽他虎）在苏门答腊岛上的一小片森林中顽强求生。

印度的几个国家公园中都已形成了老虎种群，这些国家公园包括班达迦、坎哈和兰加博尔等。其他一些国家公园中的老虎数量也在增加。幸运的话，游客可能会在这些区域看到这些威武勇猛的动物。像拉杰·贝拉这样的孟加拉虎生活在印度、孟加拉国、不丹和尼泊尔。在孟加拉国，它们被视作国兽。

老虎小档案

　　孟加拉虎是最常见的老虎亚种。这个亚种主要分布在印度，因此也被称为"印度虎"。在尼泊尔、不丹、孟加拉国和中国也分布着数量较少的孟加拉虎。目前，大约有 3 000 只孟加拉虎在野外生活。

"一群老虎"在英文中用"a streak"或者"an ambush"来表示。

有些人觉得老虎的尿液闻起来有一种热黄油爆米花的味道！

最早的老虎化石有 200 多万年的历史。

没有两只老虎拥有完全相同的条纹图案。

一只成年孟加拉虎的体重相当于 10 个 10 岁的孩子。

虎

学名：*Panthera tigris*

亚种：6 个（现存）

纲：哺乳纲

目：食肉目

保护状态：濒危

野外寿命：10 ~ 15 年（平均 10 年）

分布范围：亚洲（大多数分布在印度）

栖息环境：红树林沼泽、森林、草原

体长：雄性 250 ~ 390 厘米，雌性 200 ~ 275 厘米（包含 100 厘米长的尾巴）

体重：雄性 90 ~ 306 千克，雌性 65 ~ 167 千克

食物：鹿、野猪、猴、鸟类、野兔等

野外的威胁：其他老虎、熊、鳄

人类造成的威胁：栖息地破坏与破碎化，为获得其毛皮和某些身体部位而进行的偷猎行为

老虎与身高 1.8 米
的人的对比

老虎的领地

　　每只老虎都在属于自己的一定区域内捕猎，这片区域被称为这只老虎的"领地"。老虎会在自己的领地边缘巡视，并且警告其他老虎远离自己的地盘。它们的警告方式包括在树上留下抓痕，以及用尿液、爪子和尾巴根部的气味腺留下强烈的气味。

在争夺领地时，很多孟加拉虎会因为失去领地而饿死或在争斗中受伤。每年大约有三分之一的年轻雄性老虎死亡。

领地大小

根据亚种和分布区域的不同，老虎的领地大小也有所不同。东北虎为了寻找猎物会在很大的区域内活动，它们通常很少有机会在自己的领地内遇到另外一只老虎或者人类。像拉杰·贝拉这样的孟加拉虎则不得不和其他老虎共同生活在一片较小的区域内，这通常是因为人类占据了它们的土地。一只雌性孟加拉虎的领地范围可能至少有 20 平方千米，而雄性孟加拉虎的领地可达 100 平方千米。年轻雌虎的领地可能会与其母亲的领地重叠，年轻雄虎就不得不生活在其他老虎的领地边缘了，直到年长的雄虎死亡或战败。

灌丛之中

老虎需要隐蔽的场所。有了这样的场所，它们才能安稳地睡觉以及有效地捕猎。从森林到沼泽，它们的栖息地通常生长着大量的植物。不是所有的老虎都生活在炎热的地方。东北虎拥有特别厚的毛皮，这有利于它们在寒冷的针叶林中生存，这种针叶林一般被称为"北方针叶林"（泰加林）。

当然，老虎的栖息地内还必须有足够的猎物供其捕食。

对老虎来说，水是最为关键的资源之一。它们需要经常饮水，并在炎热的环境中用水使自己保持凉爽。

威胁之下

如今，老虎的数量已远远少于过去。1900 年大约有 10 万只野生老虎。到了 2010 年，这个数字已经下降到 3 200 只左右。现存的所有老虎亚种都受到生存威胁，也就是说，它们面临着越来越严重的灭绝危险。

EX	灭绝
EW	野外灭绝
CR	极危
EN	濒危
VU	易危
NT	近危
LC	无危

在世界自然保护联盟《受胁物种红色名录》中，老虎被列为濒危级别。

世界自然保护联盟的《受胁物种红色名录》是衡量世界生物多样性健康状况的指标。

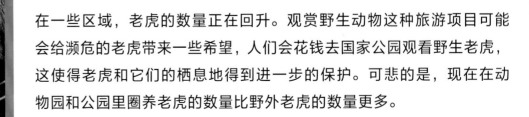

在一些区域，老虎的数量正在回升。观赏野生动物这种旅游项目可能会给濒危的老虎带来一些希望，人们会花钱去国家公园观看野生老虎，这使得老虎和它们的栖息地得到进一步的保护。可悲的是，现在在动物园和公园里圈养老虎的数量比野外老虎的数量更多。

警卫骑在大象背上在老虎自然保护区内巡逻，严防偷猎者。

一些老虎因对牛等家畜构成威胁而遭到杀害。

归咎于人

在过去的几十年里，老虎面临的最大的威胁就是人类的捕杀行为，有时每天会有几十只老虎遭到射杀。如今，这种行为已被法律禁止，但依然有偷猎者猎杀老虎，以获取虎皮、虎骨、虎牙等器官并进行售卖。这些器官会被用来做装饰品或入药，一些人认为它们具有强大的辟邪和治疗疾病的功效。然而科学研究表明，这些功效并不存在，取缔这类偷猎和交易行为将有助于保障老虎的生存。

给予空间

地球上的人口数量不断增长，而日益增长的人口由于城镇和农牧业的扩张而占据了更多的空间。印度是 2 000 多只老虎的家园，人口则超过 10 亿。人和老虎争夺空间，老虎的领地因此缩减。它们的领地被村庄一分为二，并因林木采伐和农田开垦而遭到破坏。当老虎的领地缩小时，它们的猎物也会随之减少，捕猎和养育虎崽的空间也变小了。

跟踪监测

有些老虎会被戴上能发射无线电信号的项圈，这样科学家就能够跟踪它们并研究它们的行为。

看看我长什么样

老虎是猫科动物中体形最大的，是食肉动物的代表。它们庞大有力的身躯适合捕猎。老虎的短跑速度很快，全速快跑可以轻易追上大多数猎物。

老虎的双眼在头部的正前方，这样有利于在追踪猎物时判断距离。

身着毛皮

老虎的毛皮具有保暖和伪装作用，这有利于保护它们。它们有两层毛发：上层是长长的起保护作用的毛发，下层是较短、蓬松的毛发，能够保存热量，这样老虎就能保持适当的体温。东北虎的毛发更长、更厚实，这有利于在寒冷的气候中保暖。

稳步前行

老虎巨大的脚掌下面长有厚厚的肉垫，在老虎奔跑跳跃时能够发挥减震器一样的功能。肉垫周围也有毛发，更能帮助它们悄无声息地靠近猎物。老虎的前足具五趾，后足具四趾。前脚上的第五根脚趾称作"悬趾"。悬趾不接触地面，所以能够保持锋利。

老虎的条纹

老虎毛皮下的皮肤上也有条纹，身体两侧的条纹并不对称。每只老虎都具有独特的条纹图案，可帮助我们识别不同的老虎个体。对老虎来说，条纹的作用是伪装。在开阔环境中，老虎可能看起来很显眼，但在高高的草丛中或者斑驳的阳光和阴影中，它们就几乎隐形了。

致命武器

老虎爪子是弯弯的，这样的形状有利于做很多事情，但却不利于爬树。老虎能够爬上树，但因为有这样形状的爪子，所以很难轻松地爬下来。庞大的体形和沉重的身体使老虎在攀爬时看上去很笨拙，而且很容易被卡住!

老虎的尾巴可以长到大约1米长。当老虎在奔跑和转向时，尾巴能够起到平衡作用。

老虎的爪子可以长到比你的手指还要长。这些弯弯的爪子有利于捕捉和抓紧猎物。老虎行走时会把爪子收起来，以保护好它们。

老虎用脚趾走路，而不是用整只脚接触地面。

老虎的感官

动物依靠自己的各种感官在这个世界上生存。人类对一些生物所拥有的感官的了解才刚刚起步。在捕猎时，老虎主要依靠眼睛和耳朵寻找猎物，平时则用其他感官相互交流。

感受环境

无论体形大小，所有猫科动物的脸颊、下巴、耳朵、眼睛上方以及前腿后方都有"须"。这些须比普通的毛发更粗、更敏感，并与皮肤下面的神经相连，老虎可以用它们来感知各种事物。即使在黑暗之中，老虎也能知道自己身处何方，它们能够通过这些须捕捉到空气中的变化，由此察觉附近的情况。

闻气味

有些时候，你会看到老虎抬起头，张嘴露齿，皱起鼻子，并且卷起嘴唇，伸出舌头。这种"品尝"空气的行为被称为"裂唇嗅反应"，是一些动物的特殊行为，它使老虎能够捕捉到这个区域其他老虎留下的气味。老虎口腔顶部的气味中心有助于它从气味痕迹中辨别出其他老虎的年龄和性别。尤其是雄虎，会用这种方法来寻找已经做好交配准备的雌虎。

由于眼底反光膜的反光，猫的眼睛在光线的照射下会发亮。

超级视力

老虎这样的夜行动物需要在黑暗中寻找猎物。动物的眼睛拥有不同的感光细胞：视锥细胞和视杆细胞。视锥细胞主要感受强光，在白天发挥作用，让动物能够看到物体的色彩；视杆细胞主要感受弱光，使动物在夜晚也能看得清，但不能分辨颜色。比起那些在白天看东西更清楚的动物（如人类），老虎的眼睛拥有更多的视杆细胞。和猫一样，老虎的眼底也有一个特殊的反光层（反光膜），能够进一步加强它们在弱光环境中看清楚东西的能力。

老虎能够将耳朵转向后方，接收来自后面的声音。而且，老虎的耳朵位于头部较高的位置，有利于其听到来自四面八方的声音。

有用的工具

老虎亮粉色的舌头上布满了味蕾。不过科学家认为，就像其他猫科动物那样，老虎无法品尝出甜的味道。老虎的舌头有很多用途，比如饮水时，老虎会用舌头将水带入嘴中。舌头的表面非常粗糙，覆盖着细小的、向后的尖刺，当老虎吃东西时，这些尖刺有助于把肉从骨头上刮下来。这样的舌头还能够用于梳理毛发，老虎会用它舔掉绒毛和污垢，保持清洁。

内部结构

作为伏击型猎手，老虎捕猎并不容易。它们首先要隐藏起来，然后迅速跃出，扑向目标，还要阻止猎物逃脱。老虎的外表有助于伪装，而身体的各个部分，包括骨骼、肌肉，甚至消化系统都是它们成为成功的"捕猎机器"的秘诀。

身躯

老虎利用其强大而有力的肌肉奔跑和跳跃。它们的后腿比前腿长，可以让它们跳得更远。老虎扑向猎物时，能够一下跃出10米的距离。

和人类一样，老虎一开始也拥有一副乳牙，随着年龄的增长，这些乳牙会被替换掉。

牙齿

老虎口腔前方又长又弯的牙齿被称为"犬齿"，它们的犬齿是现存所有大型猫科动物中最大的。这些犬齿和人类的中指一样长，而且更粗，是专门用于杀死猎物的牙齿。较小的前牙是"门齿"，用于将猎物的肉或羽毛咬下来。犬齿后面强有力的牙齿被称为"裂齿"，这些牙齿就像刀刃一样，可以把猎物身上的肉切下来。

冷热调节

像老虎这样能够调节自己体温的动物，被称为"恒温动物"，或者"温血动物"。气温较低的时候，它们的新陈代谢会让身体保暖。老虎的毛皮有助于防止热量流失，所以它们不需要太多能量就可以保温。热的时候，老虎常常通过躺在阴凉处或者水中来让身体降温。

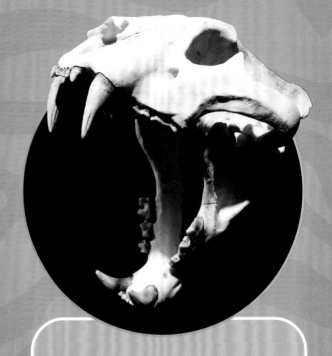

骨骼

老虎的全副骨骼包含 200 多块骨头，其中 20 多块位于尾部。它们脊柱上的骨头比人类的多，这样它们的身体就更加灵活，能够非常敏捷地奔跑和扑击。

消化食物

大多数的动物会吃植物，但猫科动物无法从草和树叶中获得任何养分，它们被称为"专性食肉动物"，也就是说它们必须要靠吃肉才能获得营养。植物性食物对它们来说很难消化，而且在体内停留的时间很长，这对老虎是无益的。老虎的胃很小、很轻，它们的消化系统能够迅速地消化食物，因此它们的身体不会有太多的负担。当需要更多的食物时，它们就能够马上跑起来，再次扑向猎物。

沟通交流

老虎不会说话，至少无法像我们人类那样用语言沟通。但它们会用自己的方式来相互传递信息。老虎会利用气味和肢体语言来进行交流，当然它们也会发出声音，比如众所周知的"虎啸"。

并不是所有的猫科动物都会吼叫，比如猎豹等。吼叫声需要借助喉部的一块特殊的骨头——未完全骨化的舌骨才能发出。

传递信息

老虎能够通过多种不同的方式来传播气味。它们的下巴、头部和尾巴根部生有特殊的气味腺。老虎会通过摩擦物体留下自己的特殊气味，将这些气味作为传递给其他老虎的信息。老虎的脚趾间也生有气味腺，所以它们在树上抓挠也是为了传递信息，同时还留下了其他动物可以看到的标记。老虎留下气味的另外一种方式是在自己的领地的边缘喷洒尿液，用以警告其他老虎，它们即将闯入已被占领的区域。

雌性老虎用喷洒尿液的方式来让雄虎了解它们是否已经准备好进行交配。尿液的气味能够持续长达 40 天。

肢体语言

通过老虎的肢体动作，我们能够了解一只老虎的感受。如果尾巴自然下垂，那么说明它很放松。若尾巴快速左右摆动，则说明它很激动，可能感觉受到了威胁。仰面朝天是一种屈服的表现——暴露出自己最脆弱的部位，表明它已经放弃反抗。同人类一样，老虎会通过眯起眼睛来表示它感到很满足；老虎闭上眼睛会更容易受到攻击，因此只有在感到安宁和放松的时候才会这样做。

听听这个！

老虎的吼叫声可以像雷鸣一样响亮。它们会通过吼叫声来进行远距离交流，警告其他动物远离它们的领地。但老虎也能发出比较低的声音如咕噜声、咳嗽声、嘶嘶声、咆哮声以及呜咽声，有些声音低到人类无法听到。老虎发出的最安全、最友好的声音是一种咕噜声，类似"咕噜咕噜"或者"扑哧扑哧"，是虎妈妈和幼崽之间使用的。

在晴朗的夜晚，从 3 000 米以外就能够听到老虎的吼叫声。

相聚一起

通常来说，老虎是独居动物，它们生活和捕猎都是独来独往，只有在交配的时候，才会和其他老虎聚在一起。独自生活在一片巨大的领地中让它们难以寻找伴侣，所以雌性老虎要使用气味进行标记，就好像是在发出消息，表明它们已经准备好生育后代了。

相遇与交配

一只成年雌虎每两年左右交配一次。它的领地与一只雄虎的领地有一部分重叠，而这只雄虎会与任何试图进入其领地的其他雄虎战斗。当一对雌虎和雄虎相遇时，它们会围着对方转来转去，发出咆哮声。雌虎会用鼻子靠近雄虎，用身体摩擦雄虎，并且舔舐雄虎的皮毛，这表示它已经做好了交配的准备。交配时，两只老虎会发出咕哝声和吼叫声。

父亲的角色

雄虎不会帮忙抚育虎崽。它会与雌虎交配几次,并在附近待上几天以确保雌虎怀孕。之后这对伴侣就会分开,再次恢复独居状态。雌虎的孕期通常为 105 天左右。

除了自己的父亲,老虎幼崽必须提防其他成年雄虎。

父亲的保护

虽然作为父亲的雄虎并不参与抚养幼崽的工作,但它还是能够提供保护的。它希望确保自己的幼崽活下来,延续它的血脉。其他雄虎可能会杀死它的幼崽,然后找到雌虎,让它怀孕。父亲是幼崽唯一可以信任的成年雄虎,因为它不会伤害自己的幼崽。

新生！

老虎幼崽出生在巢穴中，由它们的母亲照顾抚养。母亲会保护和喂养它们，直到它们成长到可以独立生活。雌虎一次产两到三只幼崽，但有时也可能多达六只。

扫码看视频

安全的藏身处

通常来说，老虎的巢穴可能位于大树下或者山洞里，还有可能在茂密的植被间，这样幼崽就不容易被发现。虎妈妈会谨慎选址，以保证幼崽的安全。当幼崽出生时，它们什么都做不了，眼睛睁不开，也不会爬行。很快，它们就能爬行，大约一周后，它们的眼睛就睁开了。如果虎妈妈认为这个巢穴不再安全，它就会把幼崽转移到新的巢穴中。大约八周之后，幼崽就可以到巢穴外活动，但它们的妈妈依然会密切地看护它们。

让幼崽存活下来是一项艰难的工作。无论多么小心谨慎，大多数虎妈妈在生产后的头两年里都会失去一半幼崽。

大多数情况下，一窝幼崽中会有一只占有优势的个体，它会比同一窝的其他兄弟姐妹活跃，在玩耍时扮演领头的角色。

进餐时间

老虎是哺乳动物，所以它们用母乳喂养幼崽。虎妈妈会舔舐新生幼崽的全身，令它们清洁又温暖，这也刺激了它们的血液循环和消化功能。幼崽会爬到母亲身上啜饮母乳，它们每天要睡很长时间。幼崽在大约六到八周大时，便开始吃肉，通常也会继续吃奶，吃到六个月大。

茁壮成长

幼崽在一岁前体形可能就和成年老虎一样大了，但它会用更多时间和母亲待在一起，用这段时间学习如何独立生活。它会观察成年老虎如何悄悄追踪以及扑击猎物，并且模仿这些动作。幼崽常常和兄弟姐妹一起练习这些动作，玩耍打闹是学习的重要组成部分。

四处走走

幼崽脖子后面的皮肤很松弛，虎妈妈可以用嘴叼住幼崽的这个部位，但不会伤到它。

老虎的生活

一般情况下，老虎在夜间活动。它们在白天活动往往是为了寻找水和树荫，以便在休息时保持身体凉爽。它们在夜间捕猎，有时也会在有微光的黎明和黄昏时分捕猎。老虎在黑暗中的视力大约是人类的六倍。

洗个澡吧

与许多猫科动物的其他成员不同，老虎喜欢水，也喜欢游泳。它们会通过躺在水塘中或者在水中游泳来降温，甚至还会在水中捕猎。即使比较大的湖泊或者河流，也无法阻碍它们穿越自己的领地，去远方的草原上寻找鹿群。不过在水里，它们会让自己的头部露出水面，甚至还会倒退着进入水中，以防水进入它们的眼睛。

老虎的前足长有一点点脚蹼，这样有利于在水中活动。

睡觉时间

老虎一天中的大部分时间都在休息。它们会寻找荫凉处躺下，以保持凉爽，储存能量。它们可能长达 20 个小时不活动。当不睡觉或者不休息时，它们会在自己的领地上巡逻，边走边做气味标记。如果猎杀到一头大型猎物，可能两三天内它们都不再捕猎。有时候，它们会把没吃完的肉拖到灌木丛中，用树叶或草把剩下的肉盖起来，之后再回来吃。

保持清洁

老虎每天的日常活动之一是梳理毛发。它们要花很多时间来保持毛发的清洁，防止昆虫叮咬。老虎的舌头上布满被称为"乳突"的小尖刺，这样它们的舌头就好像是一把毛刷。老虎在梳理毛发的过程中可能会吞进去一些毛，这些毛最后在胃里形成一个毛球，老虎会把它排出来。

老虎没办法把自己的脸完全舔干净。所以，它们会像宠物猫一样把自己的爪子舔干净，然后再用爪子擦拭自己的脸。

不在野外的老虎

如今，野生老虎都受到了保护，人们努力让它们的数量不再下降。许多保护机构都致力于保护大型猫科动物，防止它们灭绝，并救助那些遭到虐待的大型猫科动物。在一些野生动物园和保护区就能够见到一些被救助的"大猫"。但是要注意的是，并不是所有的圈养动物都能被很好地对待或者照顾。去动物园游览时，我们可以尝试了解那里是如何照顾所饲养的动物的。

大多数野生老虎生活在印度，但更多的被圈养的老虎生活在美国。

白虎

你可能看过它们的照片，或者在动物园里见过这种令人惊叹的动物。它们因基因突变而发生了"白变"，因此拥有蓝色的眼睛和颜色较浅的斑纹。不过白变并不是白化病（白化病是一种遗传病，会导致它们的毛皮和皮肤变成白色，并且眼睛内的虹膜为粉红色）。目前白虎只出现在人工饲养的老虎种群中。科学家还不清楚其中的原因，但白虎的生长速度似乎比橙黄色的普通老虎更快，体形也更大。

白虎基因出现的概率大约是万分之一，并且仅见于孟加拉虎这个亚种。

远古时代

被称为刃齿虎的史前动物可能是猫科动物的成员，虽然它名字中带有"虎"字，但与现代老虎的亲缘关系很远。刃齿虎大约在1万年前灭绝。它们的犬齿比老虎长一倍以上，但较为脆弱，容易折断。刃齿虎能够像蛇那样把嘴张得特别大，但缺乏现代大型猫科动物那样强大的咬合力。

刃齿虎

它们的学名 *Smilodon* 的意思是刀一般的牙齿。

野外还有吗？

华南虎并没有完全灭绝。在动物园和保护机构中仍然生活着少量华南虎。然而，它们已经有超过25年没有在野外出现过了。有当地人声称看到过华南虎的足迹和疑似被其猎杀的猎物，但21世纪以来，尚未发现这个亚种仍存在于野外的确切证据。

印度的动物

孟加拉虎与其他许多不同种类的动物共享家园。其中有一些动物是老虎的猎物，还有一些动物因体形太小或者移动速度太快，难以被老虎捕捉。在班达迦保护区内生活着许多种鸟、猴、鹿和其他动物，英国广播公司《王朝》系列纪录片中的明星拉杰·贝拉也生活在这里。

扫码看视频

饱腹大餐

老虎经常猎食鹿和水牛等以植物为食的有蹄类哺乳动物。花鹿、沼鹿和水鹿等中型鹿或大型鹿是老虎的美餐。印度野牛是牛科动物，体形更大。因为老虎足够强壮，所以能够捕捉比它重五倍的猎物。

虎口逃生

尽管老虎的身体结构十分适合捕猎，但它们也不是每次都能抓到猎物。就孟加拉虎而言，据统计只有大约十分之一的捕猎行动能够成功。

扫码看视频

↑斑鹿

鹿的视力不佳,它们很难发现在灌木丛中匍匐潜行的老虎。

← 长尾叶猴　　　↑ 水鹿

↑冠豪猪

小点心

饥饿的老虎也会以体形较小的动物为食,尤其是在旱季,动物们放松警惕,在水塘边饮水的时候。只要有机可乘,老虎就会捕食野猪、猴、孔雀、野兔,甚至是豪猪。

↑ 印度野猪

↑ 印度野牛

↑ 亚洲胡狼

独行猎手

老虎通常独自捕猎，而不是集体捕猎。不过，它们也会与非本家族的其他老虎分享猎物。观察人员曾看到雄虎允许雌虎和她的幼崽来食用它的猎物，甚至是在雄虎吃饱之前。

老虎奔跑的最快速度可达每小时 49～65 千米，不过它们只能做短距离的冲刺。

老虎一跃能够跳出 10 米远。

完美的猎手

老虎的身体结构非常适于捕猎，它们行动隐蔽，敏捷而又迅速。它们高大强壮，有足够的力量杀死大型猎物，还具有闪电般的反应能力，灵敏的嗅觉、听觉以及出色的伪装能力。老虎是伏击型猎手，它们会依靠自身的伪装隐藏在灌木丛中，然后慢慢地靠近猎物，直至近到可以突袭猎物，直接扑击。

伏击

尽管老虎的速度很快，但它们只能做短距离的冲刺追击。通常情况下，它们会尽可能地接近猎物，在扑击猎物之前保持隐蔽。对于体形较小的猎物，老虎会从它的脖子后面将其咬死，有时候会用巨大的脚掌对其重重地拍击。对于体形较大的猎物，老虎会用前腿将其紧紧扣住，并且用下颌夹紧猎物的喉咙，令它窒息。

快如闪电

老虎长长的犬齿可以刺入猎物的脊椎之间，将其脊柱咬断。不过老虎也必须注意避免受伤。如果被蹄子踢一下或者被鹿角刺一下，老虎可能会好几天都无法再去捕猎。通常，老虎会把猎物拖到安全的地方，比如较高的草丛中或者灌木丛的阴影里，然后再进食。

一只成年老虎一天能吃得下相当于 350 个"巨无霸"汉堡分量的肉。一只老虎要想活下来，每年大约要杀死 50 头大型猎物。老虎可能不会一次吃完一整只大型猎物。有时，它们会用树叶和泥土将没吃完的食物盖住，以后再来享用。

丛林之王

老虎是顶级捕食者。也就是说，成年的老虎在野外没有天敌。除了人类，没有哪种动物具有猎杀一只成年老虎的实力。不过，也有一些动物会用其他方式给老虎带来麻烦。

什么是食物链?

食物链描述了生物之间由吃与被吃而形成的食物关系。它展示了谁吃谁，以及当一种生物吃另一种生物时，能量是如何转移的。食物链的起点是生产者，生产者是指能够利用阳光生产自己所需养分的生物，主要是植物。接下来是初级消费者，也就是以生产者为食的食草动物。然后是次级消费者——以食草动物为食的捕食者。三级消费者以比它们低一级的次级消费者为食。在第115页的食物链中，四级消费者几乎没有天敌，也被称为顶级捕食者。一条食物链可以用箭头表示生物之间的能量流动方向，如"草→鹿→老虎"。

小心!

大多数动物在受到攻击时都会进行反击，即使攻击它们的是老虎也不例外。有些老虎会因为猎物的反击而受伤或死亡，尤其是在对方是大象、水牛或者熊这样的大型动物的时候。如果疏于防备，那么老虎也可能会受到鳄或豺的威胁。不过，更常见的情况是老虎幼崽可能会被懒熊、亚洲胡狼等动物杀死。虎妈妈必须时刻保持警惕，以保护幼崽的安全。

什么是食物网?

多条食物链组合在一起,就形成了一张食物网。食物网展示了一个生态系统中的生物是如何相互作用的。
在这张网上,一种生物可能是不止一种动物的食物。一个健康的生态系统,其食物网能够保持平衡。例
如,一个地区如果有足够数量的老虎,就会使像鹿这样的食草动物不停地到处迁移,而植物得以再生,
防止环境被过度破坏。

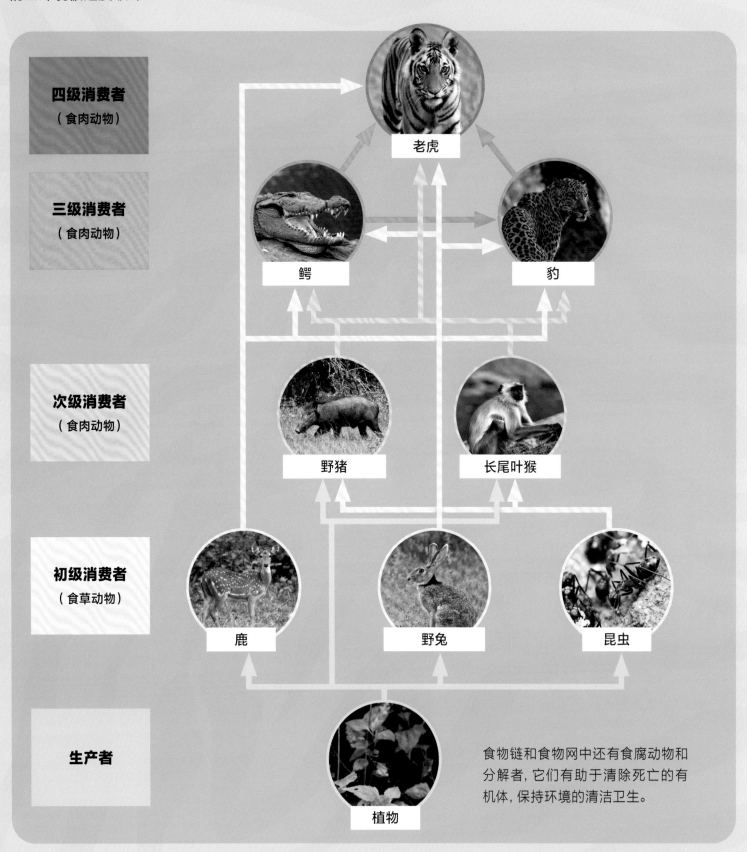

四级消费者
（食肉动物）

三级消费者
（食肉动物）

次级消费者
（食肉动物）

初级消费者
（食草动物）

生产者

老虎

鳄

豹

野猪

长尾叶猴

鹿

野兔

昆虫

植物

食物链和食物网中还有食腐动物和
分解者,它们有助于清除死亡的有
机体,保持环境的清洁卫生。

注: 箭头从食物指向吃它的生物。

战斗伤痕

科学家经常能看到野生老虎身上带有战斗过的痕迹。有时候，正是这些伤痕令科学家能够追踪特定的老虎个体，对它们进行研究。这些伤痕可能是老虎攻击其他动物或与试图入侵其领地的其他老虎搏斗时留下的。

攻击中的老虎不会吼叫，但会发出"咝咝""哈哈"的声音。

战还是逃？

在感受到威胁时，老虎会拱起背部，伸出爪子，竖起耳朵，露出牙齿，试图震慑对手。老虎宁愿吓跑敌人，也不愿意和敌人战斗。年轻或者体形较小的老虎可能会翻过身来表示投降，然后逃跑。老虎知道，战斗会导致受伤，而受伤本身或者因受伤而无法捕猎意味着自己和家人都有可能会饿死。

冲突的创伤

这几只老虎身上带着与其他老虎发生冲突时留下的伤痕。它们都是为了保卫自己的领地而战斗。

对人类的威胁

野生老虎的寿命一般为 10 ～ 15 岁，年老的老虎可能更容易受到想要争夺领地的年轻老虎的攻击。不过，衰老本身也令老虎的生存更为艰难，它们会变得虚弱，捕猎能力下降。有些年老的老虎会失去牙齿，也就无法像以前那样成功捕猎。有人认为，正是这些年老的老虎会袭击人类，它们会在人类居住区附近徘徊，寻找容易捕食的猎物。

拉杰·贝拉的故事

如果你想对老虎的生活方式有更多的了解，那么你可以读一读拉杰·贝拉的故事，看看它在养育幼崽的过程中遇到了怎样的挑战。

几周之前，拉杰·贝拉生下了四只幼崽。这一窝幼崽包括一个女儿比巴以及它的三个哥哥。它们生下来时眼睛尚未睁开，几乎无法走路。拉杰·贝拉把幼崽们藏在一个山洞里，防止它们被捕食者发现。

扫码看视频

这些幼崽的腿脚还不稳，走起来跌跌撞撞。它们围绕在母亲身边，爬到母亲身上寻找乳汁。母乳令它们快速地成长。很快，它们就长大了一些，也变得更加强壮了。

　　对于拉杰·贝拉来说，分泌乳汁喂养幼崽并不是一件轻松的事。它需要进食来保持体力。有时候，它不得不做出艰难的决定，抛下四只毫无防备能力的虎崽，出去捕猎。

　　并不是每一次捕猎都能成功，但这一次，它抓到的猎物够它吃上一两天。

扫码看视频

幼崽又长大了一些。它们越来越勇敢,喜欢到洞外探险。

然而，生存环境始终危机四伏。懒熊和亚洲胡狼可以轻易杀死虎崽，毕竟这些小家伙还很弱小。有时候，拉杰·贝拉不得不把孩子们转移到新的隐蔽之处，以确保它们的安全。

幼崽长大了，它们永久离开了出生的巢穴。如今，它们需要的不仅仅是母亲的乳汁，还有新的食物——肉。拉杰·贝拉必须频繁地捕猎，这样才能填饱自己以及四只幼崽饥饿的肚子。在自己进食之前，它会让孩子们先吃。三只小雄虎毫不客气地冲到猎物前，而比巴则要等哥哥们吃完才能吃。孩子们吃饱之后，拉杰·贝拉再吃自己的那份。

扫码看视频

拉杰·贝拉的另一项任务是巡视自己的领地。它会查看有没有入侵者的痕迹，并在领地的边缘留下气味标记，让其他老虎知道这片区域已经被占领了。

不过，这些警告的信号并不一定能对其他老虎产生作用。你看，另外一只老虎来到拉杰·贝拉的领地捕猎。这只老虎是索罗，拉杰·贝拉的大女儿。因为索罗早已经离开了这个家，所以拉杰·贝拉不得不警告索罗，让它不要出现在自己的领地上。

冬天来临了,老虎幼崽们正在茁壮成长。它们现在已经九个月大,可以在一旁观摩母亲捕猎了。它们有时候会冒险,独自走开,但总会回到母亲身边。

扫码看视频

成长中的老虎幼崽会相互扭打、摔跤,并且练习潜行追踪和搜寻猎物等捕猎技巧。它们会追赶自己的兄弟姐妹,一起打闹玩耍。

拉杰·贝拉的进食习惯也随着孩子们的长大而发生改变——它不再让孩子们先进食。这会让孩子们明白，它们将来必须自食其力。

等拉杰·贝拉吃
饱之后，比巴的三个
哥哥就开始进食了。
由于哥哥们非常强势，
因此比巴不得不等到
最后才进食。

拉杰·贝拉一家并
不总是忙着捕猎、吃东
西或者玩耍打闹。饱餐
一顿之后，拉杰·贝拉
和它的儿子们在树荫
下睡觉。

比巴决定去它们最喜欢的一个水塘探索。但是，有一只老虎已经在那里了，这是一只体形非常大的雄虎。老虎幼崽遇到成年雄虎是一件很危险的事情，因为成年雄虎经常会杀死除自己的孩子之外的幼崽。好在这只雄虎是比巴的父亲，是这片森林中唯一会保护它而不会伤害它的成年雄虎。

扫码看视频

夏季来临，炙热的阳光照耀着大地。老虎生活的自然保护区如同被烘烤过一般，动物也受到曝晒。许多动物聚集到尚未干涸的水塘边喝水。

这些动物成了饥饿的老虎的目标。猴子从树顶的藏身之处来到了地面上，而低头喝水的鹿也顾不上提防周围的危险。机敏的老虎在旱季不愁没有东西吃。

扫码看视频

利用自己毛色的伪装，拉杰·贝拉在干燥的草丛中隐藏得很好，但炎热的天气确实让它不好受。它找到了一个能让它们一家缓解干旱炎热之苦的水塘。休息的时候，拉杰·贝拉一直紧紧盯着它的孩子们，同时留心着附近猎物的声音。

幼崽们也都很喜欢水。它们在这个水塘边游泳、饮水、玩耍，纳凉降温，度过了许多美好时光。

141

斗转星移，旱季即将结束。幼崽已经长得相当大了，它们现在需要更多的食物。拉杰·贝拉养育幼崽的工作做得很出色。通常情况下，只有百分之五十的幼崽能存活，但它的这一窝幼崽都活下来了。

随着季风的到来，老虎生活的自然保护区内迎来了持续的降水。植物复苏，草长莺飞，灌木茂盛，绿意盎然。动物不再聚集到水塘边。拉杰·贝拉不得不跑得更远，更加努力地寻找猎物。

然而，不幸降临在拉杰·贝拉身上。它在一场战斗中受了伤。如果不能迅速恢复，它就很难捕到足够的猎物，它和它的孩子们很可能都要忍饥挨饿。

还有一个坏消息。比巴一直以来只能吃哥哥们剩下的残羹剩饭，为了生存，它独自离开，去老虎生活的自然保护区之外寻找新的领地。它的母亲和哥哥们可能再也不会见到它了。

虽然只剩下三个儿子要养活，但拉杰·贝拉仍然需要竭尽全力，只有这样才有可能捕到足够的猎物，而它的对手还在试图入侵它的领地。拉杰·贝拉的日子过得很艰难。

在人类的村庄附近，总有可能找到一些更容易捕捉的猎物。拉杰·贝拉来到这里侦察，希望能够捕捉到山羊、狗，甚至是圈里养的牛。但村民们一直提防着老虎。

拉杰·贝拉还算幸运，它被班达迦国家公园的护林员发现。他们给拉杰·贝拉注射了麻醉剂，以便将它安全地转移。

人们将拉杰·贝拉装上一辆卡车，把它送回它的领地的中心地带。就这样，拉杰·贝拉幸免于难，得以和儿子们重聚。日出日落，又是一天。对于拉杰·贝拉来说，每一天都要为了生存而战，但它始终顽强地坚持着。

狮子知识

玛莎狮群

玛莎狮群是肯尼亚最著名的狮群之一。英国广播公司多个系列节目都曾拍摄它们的故事，对它们的追踪已经超过了 20 年。玛莎狮群生活在肯尼亚马赛马拉国家保护区的穆西亚拉沼泽附近。这里是一片野生动物保护区，周围还环绕着其他自然保护区。

查姆和西耶娜

　　它们是玛莎狮群中最年长的雌狮，肩负着照顾幼崽的责任。它们的狮群面临着各种各样的威胁，这些威胁来自不同对手，包括其他狮子、捕食者，以及愤怒的非洲水牛。一代代领袖让玛莎狮群成功地延续至今，而查姆作为这一代的首领，能否续写玛莎王朝的辉煌？

155

大型猫科动物概览

猫科动物有很多种，它们在体形和食性上有一些共同点。科学家根据体形大小将猫科动物大致分为两类，其中大型猫科动物包括狮子、老虎、豹和美洲豹等。猎豹的体形也很大，因此也常被归为大型猫科动物。但猎豹不会吼叫，这是它们不同于其他大型猫科动物的重要一点。

老虎
Panthera tigris

老虎有多个亚种，它们生活在亚洲的不同区域。其中，孟加拉虎（又称印度虎）和东北虎（又称西伯利亚虎）是体形最大的亚种。

所有的猫科动物，无论体形大小，都被归为"专性食肉动物"，这意味着它们必须吃肉才能生存。

和野生的猫科动物一样，家猫也是天生的猎手。

狮子
Panthera leo

体形最大的狮子和老虎的个头儿差不多大，但狮子的毛皮呈金色，而且没有条纹。狮子是唯一一种群居的大型猫科动物。

云豹
Neofelis nebulosa

云豹的中等体形在爬树时有一定优势,它们甚至可以头朝下跑下树干,而不是像很多猫科动物那样不能头朝下爬下去。

美洲豹
Panthera onca

美洲豹在大型猫科动物中体形排名第三,是美洲唯一的大型猫科动物。美洲豹美丽的毛皮上长有斑纹,并且斑纹中央有圆点。

家族谱系

狮子、老虎、美洲豹、豹和雪豹都是豹属(*Panthera*)成员;云豹有两种,都属于云豹属(*Neofelis*);而猎豹则属于猎豹属(*Acinonyx*)。小型猫科动物的种类比大型猫科动物多得多,它们与大型猫科动物同属猫科(*Felidae*),其中,美洲狮属于美洲金猫属(*Puma*)。小型猫科动物还有家猫、猞猁、虎猫、狞猫、长尾虎猫等。

猎豹
Acinonyx jubatus

猎豹不仅不会吼叫,爬树技术也不如其他大型猫科动物。它们生活在非洲,主要在白天捕猎。

豹
Panthera pardus

豹(俗称"豹子""金钱豹""花豹")分布于非洲大部分地区和亚洲的部分地区。它们的毛皮上也有斑点。豹在夜间捕猎,并且是攀爬健将,很多时间都待在树上。

雪豹
Panthera uncia

雪豹生活在亚洲多个地区的高山之上,它们行踪隐秘,非常罕见。它们厚厚的毛皮比其他大型猫科动物的毛皮更灰暗。

狮子生活在何处？

英国广播公司《王朝》纪录片摄制组来到肯尼亚的马赛马拉国家保护区，拍摄以查姆为首领的玛莎狮群。狮子主要分布在非洲东部和南部，包括肯尼亚、坦桑尼亚、赞比亚、博茨瓦纳、埃塞俄比亚等国家。西非也有少量隔离群体。还有数量很少的亚洲狮（见第166页）生活在印度西北部的吉尔森林国家公园和野生动物保护区。

衰退的物种

目前，我们很难确切地说出世界上还剩下多少头狮子。狮子在非洲北部已经绝迹，在整个亚洲也数量极少。专家认为，非洲可能仅剩 2 万头狮子，而印度的亚洲狮仅剩约 600 头。

昔日的辉煌

几千年前，狮子是世界上最常见、分布最广泛的大型哺乳动物之一。在非洲北部（包括现在的撒哈拉沙漠地区）、欧洲南部，甚至远及英国，人们都发现过不同亚种的狮子。而在约 2 000 年前，它们就从欧洲大地上消失了。

重回野外

一些私有保护区正在进行野化试验: 将动物重新引入它们曾遭受严重威胁的栖息地。为了扩大后代的基因库, 生有独特的黑色鬃毛的卡拉哈里狮被重新引入南非茨瓦鲁保护区。如今, 已有两个卡拉哈里狮群在那里各自生存并繁衍后代。

20 世纪 50 年代, 可能还有 40 万头狮子生活在野外。而近几十年来, 非洲狮子的数量显著减少, 令人担忧。

159

成年雄狮与身高 1.8 米的人的对比

狮子小档案

狮子是大型动物，雄壮威严，有金色的毛皮、圆圆的耳朵，尾巴末端有一簇黑色的毛。它们是强大的捕食者，拥有锋利的爪子、强有力的牙齿以及肌肉发达的身躯，能够追逐、抓捕猎物，让猎物无法逃脱。

狮

学名：*Panthera leo*

亚种：现存六亚种

纲：哺乳纲

目：食肉目

保护现状：易危

野外寿命：14 ~ 15 年

分布范围：非洲、印度

栖息地：草原、热带稀树草原、开阔的林地

体长（不包含尾巴）：雄性 180 ~ 210 厘米，雌性 160 ~ 180 厘米

体重：雄性 150 ~ 225 千克，雌性 120 ~ 190 千克

食物：斑马、长颈鹿、瞪羚、角马等

天敌：其他狮子、非洲水牛、与它们争抢食物的鬣狗

来自人类的威胁：战利品狩猎、偷猎、栖息地的丧失与破碎化

狮子的上颌和下颌只能上下移动进行咀嚼，无法横向咀嚼。

狮子一天可以睡长达 20 个小时。

狮子是唯一真正具有社会性的猫科动物，其生活习性和群体生活息息相关。

狮子是非洲体形最大的食肉动物。

一头大型猎物能够让狮群饱餐好几天，所以它们不需要每天都去捕猎。

非洲的生活

    大多数非洲狮生活在热带稀树草原（草原与林地结合的区域）以及辽阔的草原上，但也有些狮子会选择其他的栖息地（见第164页）。玛莎狮群生活在肯尼亚马赛马拉国家保护区的穆西亚拉沼泽，这里土地肥沃，有草原、沼泽和森林，紧挨着马拉河。许多食草动物都被这里的环境吸引，特别是在旱季，因为别处很难找到水源。

一年两季

非洲的热带稀树草原有两个季节：干燥的冬季和潮湿的夏季。冬季的开端往往伴随着雷暴，然后就会刮起强劲而干燥的风。这时最容易发生丛林火灾。许多河流和湖泊都干涸了，食草动物聚集在稀少的水塘周围。到了潮湿的夏季，湖泊重现，草木繁盛，郁郁葱葱。

在夏季，狮子经常会面临滂沱大雨。

游荡觅食

为了觅食，狮子可能需要大范围活动。生活在非洲干旱地区的狮群不得不去更远的地方捕猎，它们的领地范围可能会达到 2 000 平方千米。马赛马拉地区的食物较为丰富，因此这里的狮群可能只需要在 50 平方千米的范围内活动。

追踪监测

科学家在一些狮子身上安装了无线电项圈，这样就可以追踪它们，研究它们的迁移路线。

163

强大的适应力

并非所有狮子都生活在热带稀树草原。曾经，狮子的栖息地包括山地、沿海地区、沼泽，甚至沙漠也比较常见。现在，在卡拉哈里沙漠和纳米布沙漠中仍然能见到这些顽强的"沙漠居民"。还有一些狮子则在博茨瓦纳的奥卡万戈三角洲河漫滩安家，在那里，它们会化身"沼泽大猫"，在水中追踪它们的猎物。

和生活在热带稀树草原的狮子一样，沙漠中的狮子也是"机会主义者"，为了找到食物，它们白天和夜间都会捕猎。

酷热中捕猎

纳米比亚的狮子已经适应了炎热、干燥的沙漠生活。这片沙漠沿着非洲的骷髅海岸绵延 2 000 多千米。即使在炎热的白天，也能看到它们在巨大的沙丘间穿行。这些沙漠猎手的主要猎物是大羚羊（一种体形较大的羚羊）、跳羚（一种体形稍小的羚羊），以及鸵鸟。这些动物会前往绿洲，与长颈鹿和斑马一起寻找水源，狮子也会尾随而至。

从干旱到洪涝

随着旱季结束,奥卡万戈河附近的狮子在度过了缺少食物的几个月后,变得瘦弱而饥饿。每年的洪水都会带来新的捕猎机会,这片草原每年都会被近1 000万吨水滋养。休眠的禾草复苏生长,吸引了大群的食草动物:有非洲象、犀牛、非洲水牛和角马等这样的大型动物,还有各种羚羊等中型动物。当然,这也吸引了狮子、非洲野犬、猎豹和鬣狗等其他的捕食者。

危险区域

在沼泽水域捕猎并不容易,不仅存在溺水的风险,还要当心暗藏在水下伺机而动的鳄。狮子在沼泽里不能像在陆地上那样快速移动,也无法悄无声息地偷偷接近猎物。捕猎的雌狮在水和泥浆中很难稳住步伐,它们有可能会滑倒,然后被猎物踩踏或者顶伤。

有些狮子会游到岛上去寻找猎物,有些狮子则学会了如何在水中捕猎。

不同寻常

除非洲之外，世界上仅有印度的一小块区域能够见到野生狮子。吉尔森林国家公园位于印度西部，是一个保护区，有几百只亚洲狮生活在这里。这片栖息地与非洲的热带稀树草原差异很大，这里有山丘、河流和干燥的落叶林，冬季凉爽，夏季炎热，每年六月至十月有季风。

亚洲狮的数量十分稀少，因此被列为濒危物种（非洲狮被列为易危物种）。

亚洲狮

与生活在热带稀树草原上的非洲狮相比，亚洲狮体形略小，体重只能达到120～190千克。雄性亚洲狮的鬃毛更短、颜色更深，腹部有一层多出来的皮肤褶皱。亚洲狮尾巴末端的毛簇相对较大，肘部也有明显的毛簇。

很久以前

白狮曾经分布得很广，包括欧洲、非洲东北部和亚洲西南部。现在它们生活在一个1 400 平方千米的保护区内。这片保护区是多种野生动物的避难所。

难得一见

白狮是狮子的白色变种，比亚洲狮更罕见。它们体内的色素比普通狮子少，因此毛发、皮肤以及眼睛都呈白色或者非常浅的颜色。这种情况是由一种罕见的基因造成的，这种基因只会偶尔由父母遗传给后代。白狮在野外曾被猎杀至灭绝，不过在 2004 年，圈养的白狮又被重新引入特定的保护区，我们在一些地方的动物园中也能见到它们。

看看我长什么样

与其他大型猫科动物不同，狮子的性别一眼就可以分辨。雄性不仅体形大得多，头上还长着鬃毛。鬃毛又厚又密，覆盖了雄狮的颈部、胸口和上背部。

这头十岁的雄狮长着浓密的鬃毛，鬃毛的下半部分颜色比较深。

眼睛下方生有浅色或者白色的斑纹，很可能是为了在夜间捕猎时，将光线反射到眼睛里。

野兽之王

成年雄狮比成年雌狮体形大得多，体重也重得多。已知最大的雄狮是成年人类体重的三到四倍。一头成年雄狮体重为 150 ~ 225 千克，而雌狮的体重只有 120 ~ 190 千克。如果加上尾巴，那么雌狮的体长可达 3 米，而雄狮更长，可以达到 3.5 米。

狮子圆圆的瞳孔能够让大量的光线进入。它们眼睛中的视杆细胞比例高于视锥细胞，这意味着它们在光线不足的情况下能够看得更清楚。

长长的、可以甩动的尾巴有助于驱赶苍蝇。

身份标识

每头狮子的胡须斑都是独特的，因此在进行野外研究时能够用胡须斑来识别狮子个体，这一点和人类指纹的作用有点儿相似。

圆圆的耳朵能够转动，接收来自不同方向的声音。

长而较低的身体适合隐藏在高高的草丛中。

沙色的毛皮有助于融入周围的草丛。

顶级捕食者

狮子的身体非常适合捕捉、杀死并且吃掉其他动物。它们前足具五趾，后足具四趾，趾甲可以伸缩，能够收回到爪鞘中，不易损伤。趾甲的长度可以达到 38 毫米，而且极其锋利。它们的上颌和下颌可以张得特别大，咬合力惊人，再加上长达 7 厘米的犬齿，杀伤力可想而知。

超级感官

超级猎手需要具备一些"超能力"。狮子除了力量和敏捷兼备，有尖牙利爪的武装，眼睛、耳朵和鼻子也超级厉害。它们不仅能够听到1000多米以外猎物的动静，还能闻到远处尸体的气味。

夜视能力

夜间捕猎有几点好处，除了气温较低，还便于狮子利用黑暗的掩护悄悄接近猎物。狮子的眼睛在弱光环境中的敏感度是人类的六倍。另外，它们的眼睛很大（比人的眼睛大三倍），能接收尽可能多的光线，在眼睛后方还有一层特殊的膜（称为反光膜），可以反射光线，能帮助它们在夜间看得更清楚。

虽然狮子的视力很好，但它们的眼睛从一侧转动到另一侧的幅度有限，因此它们还需要转动头部来观察四周。

额外的感官

包括狮子在内的一些哺乳动物，口腔顶部有一个叫犁鼻器的器官。犁鼻器与鼻腔连通，可以"品尝"气味。狮子会眯起眼睛，张开嘴，翻起嘴唇，让气味进入犁鼻器，这一特殊行为被称为裂唇嗅反应。对于雄狮来说，裂唇嗅反应能够在很大程度上帮助判断雌狮是否已经准备好进行交配。

出生时看不见

新生的狮子幼崽无法利用它的感觉器官。幼崽刚出生时，眼睛是闭着的，几天后才会睁开。起初，幼崽的眼睛是灰蓝色的，在两到三个月内会变为橙色或者棕色。

171

狮群生活

　　绝大多数大型猫科动物都是独居的，只有在抚养后代或者交配时才会和同类在一起。狮子却很特别，它们的繁盛是建立在群体生活基础上的。狮群通过独特的结构和等级制度来保持稳定，使群体的优势得到最大程度的发挥。这种群体生活有好处也有坏处：它们的任何食物都必须与同伴分享，但共同捕猎也增加了它们捕猎的成功率。

群体领袖

虽然高大强壮、威风凛凛的雄狮看上去可能更像狮群首领，但实际上，最成熟的雌狮才是狮群真正的领袖。年轻一些的雌狮会支持作为首领的雌狮，协助喂养狮群、照顾狮子幼崽。雄狮的主要任务是保护雌狮和幼崽。雄狮体形太大、太显眼，不方便像雌狮那样潜行捕猎。雄狮似乎比较懒惰和贪婪，无论雌狮捕到了什么猎物，雄狮都会毫不客气地大块朵颐。当狮群受到鬣狗或者其他狮子的威胁时，雄狮就有用武之地了。

这只狮子幼崽毛皮上的斑点清晰可见，而年龄更大的这只后腿上也有一些斑点。

全员集合

狮群一般由 12 ~ 15 头狮子组成, 不过有些狮群的成员数量会更少, 还有一些则多出很多。较大的狮群可以有 30 头狮子, 南非克鲁格国家公园的一个狮群甚至有将近 50 头狮子。一个狮群通常包含数头成年雌狮 (通常是亲姐妹或者表姐妹), 两到四头成年雄狮, 再加上它们的后代, 包括新生的幼崽和三岁以下的未成年狮子。

雄狮大部分时间都在睡觉, 捕猎的任务都留给了雌狮。

离开狮群

成长到成熟期对于雄狮和雌狮有着不同的意义。成年雌狮会留在狮群中, 甚至可能接管狮群。狮群的领导权由母亲传给女儿, 世代相传。成年雄狮则需要离开狮群, 去外面寻找一个新的狮群, 建立自己的家庭。幸运的雄狮在离开时会有一个或几个亲属做伴, 而不太幸运的雄狮则不得不独自离开, 自生自灭。

听听我的吼声

众所周知，狮子以其吼声著称，它们用这种发声方式来相互"交谈"，但这并不是它们唯一的交流方式。狮子还会利用气味和视觉线索来传递重要信息，也会发出吼声之外的其他声音。小小的狮子幼崽会像家猫那样喵喵叫，而狮群成员还会发出低吼声、呼噜声、咕哝声，在彼此靠近时发出各种哼哼声和低沉的呜咽声。

草原之声

狮子吼声独特，令人印象深刻。雄狮会用吼声向其他狮子宣示它的存在：既可以警告对手离远点儿，也可以和狮群其他成员保持联系，并知晓对方的位置。它们往往在黄昏和黎明之间发出吼叫，一头体形较大的雄狮的吼叫声在5千米之外都能够听到。有时，一旦雄狮开始吼叫，包括雌狮在内的整个狮群都会跟着吼叫。

标记气味

狮子的脚掌、头部和下颌上有特殊的腺体，可以相互磨蹭，也可以在植物和岩石上摩擦，留下自己独特的气味。它们还会利用自己的尿液和粪便留下气味，向这一区域内的其他狮子传达重要信息。这种气味既标记了它们的领地范围，也传达了与狮子的健康状况、战斗能力，以及是否准备好交配等相关的信息。

雄狮会互蹭鬃毛，
建立亲密的关系。

看一看我

鬃毛也可用来进行交流。鬃毛能传递出与狮子的成熟度、力量和健康状况相关的信息。
人们认为，雄狮鬃毛的长度和颜色深浅与它在狮群中的社会地位息息相关。在梳理毛发
的过程中，狮子还会互相嗅闻、挤在一起、摩擦头部、蹭鼻子和舔舐对方。

交配繁殖

一个狮群中，雌狮通常比雄狮多得多。年轻的雄狮在成熟并具有繁殖能力之后，常常会被赶出狮群。它们要与其他雄狮展开争夺，从而拥有属于自己的狮群。

强势的雄狮们会彼此争斗，以赢得与雌狮交配的权利。

准备交配

年轻的雄狮在两岁左右时开始长出鬃毛。到它们准备好进行交配，也就是大约五岁的时候，鬃毛完全长成。一大蓬深色的鬃毛是雄狮健康的标志，似乎也象征着它是最佳的交配对象。

形影不离

雌狮每隔几个月才会交配并怀孕。赢得交配权的雄狮不会让雌狮离开自己的视线，这是为了确保雌狮生下的幼崽是它的后代。交配后，怀孕雌狮的孕期约为三个半月。当它准备分娩时，它会离开狮群的其他成员。

保证安全

弱小的幼崽处境危险，狮子妈妈会把它们藏起来，不让非洲水牛发现。因为非洲水牛一旦发现狮子幼崽，就会将它们杀死。多管闲事或笨手笨脚的成年雄狮也可能会带来风险。除了亲生父亲，任何雄狮对新生幼崽来说都是危险的。狮子妈妈会将幼崽安置在距离狮群较远的地方保护起来，直到它们长大一些，才会将它们带回狮群以获得更多保护。狮子爸爸一旦接受了幼崽，就会和狮子妈妈一样保护它们。

狮子是哺乳动物，因此它们也用母乳喂养新生幼崽。

小淘气

雌狮一胎会产下数只幼崽。一窝幼崽的数量通常是二到三只，不过偶尔也会有六到七只。幼崽非常依赖狮群中的雌狮，雌狮们会照顾幼崽，为它们保暖、给它们喂食、保护它们的安全。一般来说，狮群中如果有幼崽，在狮群其他成员外出捕猎时，一只雌狮会留在后方照顾幼崽。

扫码看视频

四处走走

狮子幼崽后颈处的皮肤很松弛，所以雌狮可以用嘴叼住幼崽的脖子，而不会伤到它。

和其他猫科动物以及人类一样，狮子的幼崽也有乳牙。当恒牙开始生长出来时，乳牙就会脱落。

寓教于乐

狮子幼崽通过玩耍来学习。与兄弟姐妹一起玩耍打闹，或者扑向成年狮子甩来甩去的尾巴，都有助于练习捕猎技巧，并让它们学会在必要时为保护自己而战斗。有时，这种练习也会让它们陷入麻烦，如果对手体形过大或者过于狡猾，它们就只能逃跑。

雌狮会用粗糙的舌头舔舐幼崽的毛皮，以保持清洁。

179

红色警报

虽然狮子拥有强大的力量和战斗能力，但它们的敌人还是多得令人吃惊。特别是一只落单的狮子，在面对大象和非洲水牛时必须非常警惕。豹和野犬也会带来威胁，尤其对于狮子幼崽。不过，对于狮子来说最大的威胁有三个：一是其他狮子，二是鬣狗，三是人类（见第 188 页）。

狮子在水边时，必须格外小心水下是否潜伏着鳄。

致命的敌人

狮子和鬣狗是不共戴天的敌人。它们总会试图将对方赶走。如果有机会，它们甚至会相互残杀。鬣狗很可能会选择一只受伤或者年老的狮子作为目标。尽管狮子和鬣狗都是捕猎能手，但它们还是会乐此不疲地偷取其他动物捕获的猎物，只要它们能够把对方赶走，就可以坐享其成。鬣狗在靠近狮子时会很紧张，但如果有食物可以偷，那么它们也不介意冒险。

强壮的巨兽

非洲水牛在遭遇一群狮子时会被猎杀，但如果是一对一正面交锋，水牛就有机会胜出，因为它们的体形和体重占有绝对优势：一头 150 千克的狮子只相当于一头成年水牛体重的五分之一左右。

群起而攻之

一群鬣狗会团结协作，轮流跑到狮子身后，咬它的背和腿。狮子如果没有通过不断转身的方式来保护自己，就可能会逐渐被拖垮，即使是成年狮子也会因此受伤或死亡。

非洲动物

狮子选择的领地要能够为狮群提供足够的食物来源。领地上的猎物多种多样，有斑马、角马、黑斑羚、瞪羚、长角羚等。这片土地上还遍布着各种大型动物，包括长颈鹿、非洲象、犀牛和河马。狮子一般不会去招惹这些体形很大的动物。

长角羚

黑斑羚

格氏羚

黑斑羚

183

百兽之王

成年狮子是顶级捕食者，食物链上没有其他动物位于它们之上。食物链描述了各种生物是如何通过它们所吃的食物而相互关联的。狮子的食物构成几乎都是哺乳动物，尤其是食草动物，如斑马、非洲水牛，以及角马、瞪羚、黑斑羚等多种羚羊。

扫码看视频

协同合作

一头体形较大的雄狮一次可以吃下 30 ~ 40 千克的肉。雌狮每天只需要吃 5 千克左右，但如果食物充足，那么它们也会一饱口福，以防短期内吃不到下一顿。

在难以找到其他食物的时候，玛莎狮群有时会捕食疣猪。

食物链和食物网

食物链展示了当一种生物吃另一种生物时，能量是如何流动的。位于食物链起始环节的是生产者，即那些能够利用阳光制造自己所需养分的生物（比如植物）。下一个环节是初级消费者，如以植物为食的食草动物。再下一个环节是次级消费者，它们捕食其他动物。多条食物链组合在一起就形成了一个食物网，食物网显示了一个生态系统中的各种生物是如何相互作用的。非洲稀树草原上的食物网很复杂，有多条不同的食物链交织在一起。自然界的平衡依赖于食物网所有环节的健康和完整。

三级消费者
（食肉动物）

狮子　　　斑鬣狗　　　非洲野犬

次级消费者
（杂食动物）

疣猪

初级消费者
（食草动物）

黑斑羚　　　角马　　　格氏羚　　　斑马

生产者

植物

像兀鹫这样的食腐动物是食物网的重要组成部分，它们会清理环境中的尸体。

注：箭头从食物指向吃它的生物。

捕猎和进食

　　狮群中的成年雌狮常常会团队协作，共同捕捉猎物，为狮群中所有的成员供应食物。不同于主动追逐猎物的猎豹和鬣狗，狮子更喜欢等待猎物自己送上门，然后选择其中的最佳目标，比如一群食草动物中生病、受伤或者年幼的个体。

扫码看视频

靠近……再靠近……猛扑

潜行的雌狮知道如何悄悄地接近猎物，并尽可能长时间不被发现。它会努力接近目标，让自己处在距目标 50 米之内的地方，然后猛扑上去。开始追逐猎物时，雌狮奔跑的时速可以接近 60 千米，但这样的速度无法保持太久。雌狮爆发力强，但缺乏持久的耐力，适合短时间的高速奔跑。

狮子的舌头上生有粗糙的、向后弯的刺，这些刺被称为"乳突"。它们既能帮助狮子清洁自己的毛皮，又能在进食时将肉从猎物的尸体上刮下来。

进餐时间

虽然最艰难的捕猎工作是由雌狮完成的，但体形较大的雄狮会先下手为强，抢先进食。之后进食的依次是成年雌狮、年老的狮群成员，最后是未成年的狮子和狮子幼崽。营养丰富的内脏最先被吃掉，然后是肉。狮子会把猎物的骨头和皮留给胡狼、鬣狗、兀鹫这样的食腐动物。

狮子口腔的前部生长着较小的门齿，两侧有长长的犬齿，脸颊内的位置生长的是裂齿。这些是特化的前臼齿和臼齿，能像剪刀一样切割肉。

聪明的雌狮会逆着风悄悄靠近猎物，这样它的气味就不会被猎物闻到。

187

威胁的阴影

　　狮子这一物种正在受到严重威胁。现在，非洲的狮子数量大约只有 25 年前的一半，狮子曾经的栖息地已有超过 90% 看不到狮子的踪影了。导致狮子数量减少的原因主要是栖息地丧失、人类的狩猎和非法野生动物交易，以及食物减少。

人类的伤害

狮子受到的威胁主要来自人类。狮子曾经栖息的地方被人类用来建造城市和农场，原本生活在那里的猎物也因此减少。人类还会直接猎杀狮子，"战利品狩猎"就是一门大生意，有钱人会花大价钱追踪并射杀狮子。还有偷猎者捕杀狮子以获取其身体器官，用作传统医药的原料。担心牲畜和家人安全的牧民也会诱捕、毒杀或者射杀狮子。

我们可以做些什么？

虽然人类带来了问题，但人类也可以解决问题。在狮子生活的地方，当地的社区开始参与相关的保护项目，这样人们就能看到变化带来的好处。专业顾问帮助牧民保护牛群，并对狮子进行追踪，以便让人们安全地避开狮子。为了努力使狮子的数量回升，一些区域被划为保护区。保护狮子的栖息地也有助于保护生活在那里的其他物种，它们当中有一些物种（例如非洲野犬、穿山甲、白犀、黑犀，以及一些种类的斑马和长颈鹿）面临着严重的威胁。

EX 灭绝

EW 野外灭绝

CR 极危

EN 濒危

VU 易危

NT 近危

LC 无危

在世界自然保护联盟《受胁物种红色名录》中，狮子（*Panthera leo*）被列为易危级别。

世界自然保护联盟的《受胁物种红色名录》是衡量世界生物多样性健康状况的指标。

与非洲象（可能还有约 40 万头）相比，狮子已经非常稀少。在大约 26 个非洲国家，狮子已经灭绝。

查姆的故事

现在你对雌狮的生活方式有了更多的了解，你可以读一读查姆的故事，看看它和它的狮群在非洲荒野中面临着怎样的挑战。这只经验丰富的雌狮亲眼看着自己的狮群日渐凋零又重新壮大。面对来自人类、鬣狗，以及非洲水牛的威胁，查姆用它的力量和智慧拯救了自己的狮群。

玛莎狮群是非洲最著名的狮群之一,已经在肯尼亚的马赛马拉称霸了一代又一代。如今,肩负着狮群未来的是首领查姆和它的表姐妹西耶娜。西耶娜协助查姆保护并喂养狮群。现在狮群中仅有它们两头成年狮子,还有很多小狮子需要照顾。

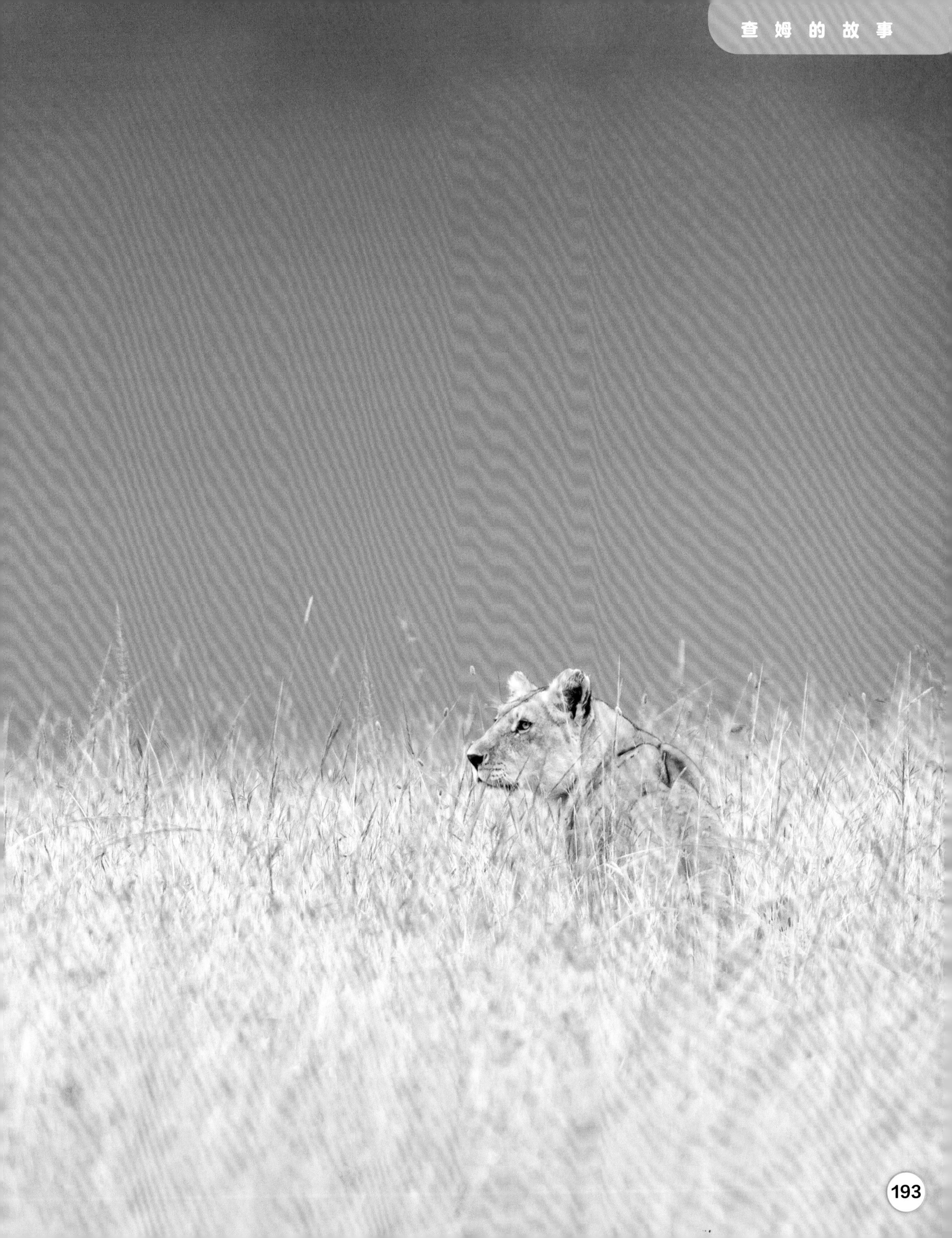

对于玛莎狮群来说，这是极其不寻常的时期。通常情况下，成年雌狮负责抚养幼崽，而领头的雄狮负责守卫狮群，保护大家。然而，玛莎狮群所有成年雄狮都离开了狮群，狮群中的成年狮子就只剩下了查姆和西耶娜这两头雌狮。它们必须承担起领导狮群、捕猎、抚育幼崽的责任，这是一项艰巨的任务。

成年雄狮们为什么要离开? 从某种程度上说, 是因为它们太成功了。它们已经繁殖了很多次, 有了数量可观的后代。然而, 这导致狮群内部出现了失衡: 许多雌狮是成年雄狮的女儿, 这就意味着成年雄狮能够交配的对象数量减少了, 所以成年雄狮不得不离开。然而, 成年雄狮离开后, 狮群就陷入了非常脆弱的境地。

　　八月，雨后的草又长又茂盛，草原上到处都是动物。角马为了寻找新鲜的食物，开始了一年一度的大迁徙。每年有超过 100 万只角马踏上这段旅程，狮子要做的就是等待角马的到来。

　　查姆是个经验丰富的猎手，可大多数捕猎的尝试还是以失败告终。它毫不气馁，因为一旦成功，一只重达 250 千克的雄性角马足以让它的整个狮群饱餐一顿。

　　查姆必须勇往直前，狮群还在等着它带回食物。查姆选中了目标，开始追逐，用后腿把巨大的角马踢得失去平衡。角马倒在地上，成为狮群的美餐。

扫码看视频

197

　　狮群中有一些还不会自己捕猎的幼崽，而它们总是会饿，所以喂养幼崽对于查姆和西耶娜来说是一项巨大的工程。它们不得不夜以继日地捕猎。有时它们会结伴同行，有时则单独捕猎。这一晚，西耶娜独自前去捕猎。

祸从天降。西耶娜受伤了，并且虚弱到无法返回狮群。落单的它脆弱得不堪一击。受伤的狮子难以招架鬣狗、其他狮子，甚至非洲水牛的袭击。

现在，能够喂养狮群的只剩下查姆了。它别无选择，只能外出捕猎。这意味着弱小的幼崽们得不到照看，但查姆对此也无能为力。幼崽们需要它提供食物，才能茁壮成长。

在黑暗中觅食的捕猎者不止查姆一个，一群鬣狗正尾随着它。查姆如果单枪匹马，可能就会被鬣狗围攻，而它辛辛苦苦捕获的猎物也难免会被鬣狗仗着数量优势抢走。好在查姆这次有一个盟友，它的女儿雅雅正默默地一路跟随。事实证明，雅雅的出现成功把鬣狗们吓跑。

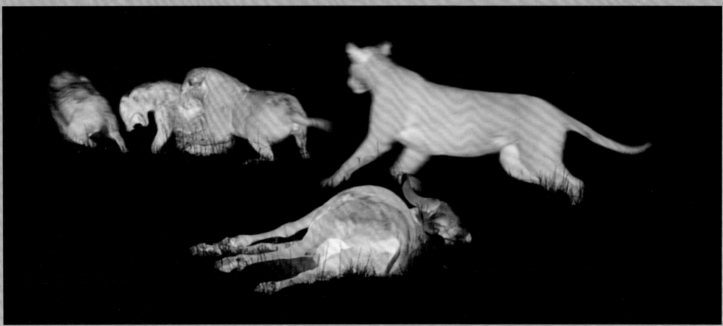

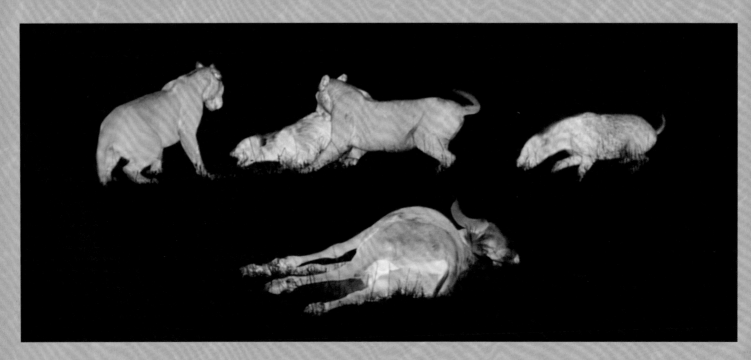

雅雅现在三岁, 还没有完全长大, 但它是查姆最年长的女儿, 所以将来可能会成为狮群的首领。雅雅有个兄弟叫塔图, 和雅雅同龄。塔图的鬃毛已经初现雏形。

和很多年轻的雄狮一样，塔图信心满满。它能对付一头两吨重的河马吗？不好说，但它肯定会尽力一试。事实上，塔图和雅雅都觉得自己很厉害，而它们其实还有很多东西要学。

扫码看视频

塔图平时捣蛋闯祸总离不开它的搭档——另一头雄狮瑞德。瑞德是西耶娜的儿子,年纪与塔图相仿。它们俩已经开始结成联盟,假以时日,它们之间的关系很可能会更加密切,能够支撑它们离开狮群,一起出去闯荡。像这样强大的盟友关系可以让它们对抗其他雄狮,并最终接管另一个狮群。

扫码看视频

但这一次，瑞德独自去探险了。这可不是明智之举，尤其是在被一群鬣狗包围时，孤立无援更是糟糕。瑞德勇敢地追逐其中一两只，咬住它们，但其他鬣狗移动到后方，攻击它的背部。很快，20多只鬣狗就将它团团围住。瑞德寡不敌众，但幸运的是，塔图就在附近，它听到了战斗的声音，赶来营救。鬣狗败下阵来，塔图救了瑞德的命。

207

狮群还有个好消息，西耶娜回来了。几个星期以来，它靠吃一些残余的食物逐渐恢复了体力。西耶娜和查姆之间的关系仍然很牢固，而日渐成熟的雅雅也热情地欢迎它的姨妈归来。两头年长的雌狮又可以结伴捕猎了，而且现在它们还多了一个新的帮手。

然而，食物开始变得越来越难找。角马的迁徙还在继续，它们已经离开这里的草原去寻找新鲜的食物。查姆带着它的狮群长途跋涉，寻找猎物，并在领地的边界发现了新的食物来源——牛。这些牛是被牧民非法带到狮子的领地放牧的。

然而，捕牛给狮群带来了灾难，牧民有时会在附近留下有毒的肉作为诱饵。这样，狮子就会被那些唾手可得的诱饵吸引，不再攻击牛群。但狮子并不知道那些肉是有毒的，查姆只能无助地看着它的狮群出现中毒的迹象。

查姆一岁的儿子中毒最深。它极度虚弱，连站都站不起来，甚至无法跟着大家去阴凉处躲避刺眼的阳光。

狮群里的其他狮子恢复得差不多了，是时候离开这里继续前进了，查姆不得不把虚弱的儿子留在原地。第二天，查姆返回来看它，可它还是没有好转。为了狮群的大局着想，查姆只能狠心放弃它。

之后，查姆的狮群发生了巨大的变化。西耶娜不见了，独留查姆支撑着狮群。塔图和瑞德离开了，去寻找属于它们自己的新的狮群。

现在，又有新的雄狮现身了，这两个外来者正在寻找属于它们的狮群。接纳它们加入可能意味着未来会有更多的幼崽，但这也可能给查姆的小女儿们带来灾难。

年轻的雌狮们还没到可以交配繁殖的时候，因此它们对于雄狮毫无用处，处境非常危险。为了自身的安全，这些年轻雌狮必须离开狮群。

扫码看视频

213

查姆狮群原先的十头狮子如今只剩下了两头——查姆和雅雅。它们都做好了繁殖的准备，而雄狮就守在它们身旁。雄狮要确保所有幼崽都是亲生的。如果有一丝怀疑，雄狮可能就会杀死新生的幼崽。

几个月后，查姆再一次做了妈妈。它会让新生的幼崽与雄狮保持安全距离，笨手笨脚或过分好奇的成年雄狮可能会给这些弱小的幼崽带来危险。等幼崽长得足够大时，查姆会把它们带回狮群。

威胁幼崽安全的并非只有其他狮子。非洲水牛虽然害怕成年狮子，但一旦有机会就会找到狮子幼崽并杀死它们。踩死一只狮子幼崽对非洲水牛来说轻而易举。查姆有丰富的经验，让它能够在牛群和它的宝贝们之间游刃有余地周旋，迫使非洲水牛后退。

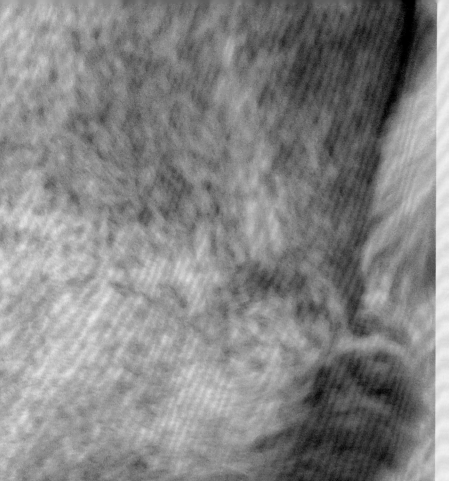

这一次，查姆生下了两只健康的幼崽，它的狮群很快又将重新壮大。雅雅已经和另一头新来的雄狮交配了，雅雅生下的幼崽是查姆的孙辈。

查姆是一只非凡的雌狮。它成功养育了一个自立门户的儿子，还有一个能传宗接代的女儿。未来，玛莎狮群下一代的故事还将延续……

非洲野犬知识

这是泰特

这是一只雌性非洲野犬。在非洲津巴布韦的马纳波尔斯国家公园，它作为首领，领导着一个庞大的非洲野犬群。它已经领导这个野犬群很多年了，是一位杰出的领袖。

英国广播公司的节目组跟随这群非洲野犬长达两年，记录了这种濒危动物的生活状态，其成片以英国广播公司《王朝》系列节目中的一集来呈现。

这是黑尖

　　黑尖是泰特的女儿之一。它也领导着自己的非洲野犬群。由于缺乏领地，它不得不入侵母亲的地盘。其实，非洲野犬通常不会做这样的事情。非洲野犬是非洲乃至全世界的濒危食肉动物中受胁程度最高的种类之一，它们面临着极其残酷的生存考验。

概览

这种独特的动物样貌有点儿像狗，也有点儿像鬣狗，而它们的捕猎行为则与灰狼相像。一直以来，人们对它们有着不同的称呼：非洲野犬、非洲猎犬、三色犬，最近也有人称它们为杂色狼。然而，它们与狗或狼共同的祖先要追溯至很久以前。

犬科动物

非洲野犬属于犬科，犬科动物还包括胡狼、郊狼、狐、灰狼等。它们都是食肉动物，而且是世界上最古老的食肉哺乳动物类群之一。

非洲野犬的学名是 *Lycaon pictus*，意为"杂色、似狼的动物"。

并非近亲

我们熟知的许多犬科动物都属于犬属。尽管非洲野犬的名字中有"犬"这个字，但在犬科动物的进化树上，它们与犬属动物属于不同的分支。非洲野犬是非洲野犬属（*Lycaon*）中唯一现存的物种。由于非洲野犬属于一个单独的属，因此它们无法与狼或其他犬科动物杂交。

郊狼

郊狼样貌和灰狼相似，但体形比灰狼小，而且更加修长。它们主要在夜间捕猎，并发出怪异的嚎叫声。

灰狼

灰狼是体形最大的犬科动物。就像非洲野犬一样，它们成群捕猎，通常由一对首领率领。灰狼主要分布在北美洲、欧洲和亚洲的北部地区。

胡狼

胡狼主要有三种：黑背胡狼、侧纹胡狼和亚洲胡狼。它们主要分布在非洲，也有一些分布在亚洲南部。它们也会在夜间发出令人不安的叫声。

鬣狗

虽然非洲野犬与鬣狗常生活在同一片区域，样貌看上去也很相似，但非洲野犬与鬣狗的亲缘关系并不近。鬣狗属于鬣狗科，它们与獴科和灵猫科的亲缘关系更近。

生活在何处？

《王朝》节目组来到津巴布韦北部的马纳波尔斯国家公园，拍摄这里的非洲野犬。它们的领地范围沿着赞比西河河岸及河漫滩延伸。在非洲的其他各国也生活着非洲野犬，但数量远远少于从前。科学家报告称，在 39 个曾经分布着非洲野犬的国家中，如今只有不到一半仍有非洲野犬生活。这种动物可能已经从其中的 25 个国家消失了。

家在非洲

现存的非洲野犬生活在非洲大陆的东部和南部。报告显示，非洲野犬数量最多的国家是津巴布韦、博茨瓦纳、纳米比亚、赞比亚、坦桑尼亚以及莫桑比克。

"马纳波尔斯" 意为 "四个水塘"，得名于赞比西河附近的水塘，这些水塘即使在旱季也不会消失。

在赞比西河沿岸，气温能够达到 50 摄氏度。

一年两季

非洲丰富的地貌为非洲野犬提供了多种多样的栖息地。有些非洲野犬生活在森林地区，有些生活在热带稀树草原，还有的生活在被当地人称作 "弗雷" 的沼泽草地。生活在马纳波尔斯国家公园的非洲野犬必须应对两个不同的季节带来的截然不同的生存环境。在雨季，到处是郁郁葱葱的景象，有许多水塘供生活在这里的动物饮用。因此，非洲野犬可以在很大的范围内活动，以寻找猎物。到了旱季，大多数水塘都干涸了，仅剩的水源是赞比西河以及河岸边少数几个水塘。这些水源吸引了成群的干渴的动物前来喝水。

非洲野犬小档案

　　通过又大又圆的耳朵（常被形容为"米老鼠的耳朵"）以及修长的具三色花斑的身体很容易辨别非洲野犬。它们是在非洲发现的体形最大的犬科动物。

非洲野犬

学名：*Lycaon pictus*

纲：哺乳纲

目：食肉目

保护现状：濒危

野外寿命：长达 11 年

分布：非洲东部和南部

栖息地：草原和林地

肩高：60～75 厘米

体重：18～36 千克

食物：羚羊、疣猪、野兔、啮齿动物、狒狒

天敌：狮子、鬣狗、鳄

人类造成的威胁：栖息地丧失和破碎化、疾病、捕猎、交通事故

尚无记录显示非洲野犬曾在野外攻击人类。

成年非洲野犬会将肉装在胃里带回家，再吐出来喂给幼崽。

和家犬不同，非洲野犬无法被人类驯化为宠物。

非洲野犬四足都具四趾，而不是像其他犬科动物那样前足具五趾。

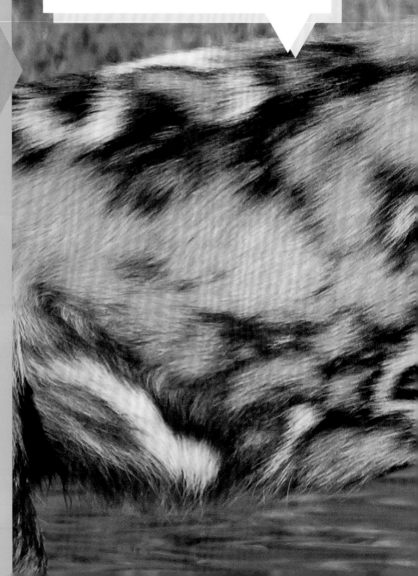

非洲野犬与身高 1.8 米的人的对比

生活在一起

非洲野犬是社会性很强的动物。它们群居生活，无论是捕猎、睡觉、玩耍还是进食，做什么都在一起。一个非洲野犬群由一只雌性野犬担任首领，它会决定在哪里捕猎、什么时候休息、捕哪种猎物，总的来说，非洲野犬群如何生存都由它来决定。一个非洲野犬群中通常只有雌性首领和它的雄性配偶会繁殖下一代。

规模很关键

非洲野犬群的规模有大有小。有些非洲野犬群只有两名成员，而有些则规模庞大。一般来说，一个非洲野犬群至少要有六只成年非洲野犬才能成功地捕猎和繁殖。黑尖的非洲野犬群格外庞大，鼎盛时期拥有 30 名成员。因此，它们能够捕捉到一些不寻常的猎物（比如狒狒，见第 257 页），但这也意味着它们必须捕到更多的食物，毕竟有那么多张嘴要喂饱。

长大离家

一个非洲野犬群由成年个体、亚成体和幼体组成。一开始，非洲野犬首领夫妇和支持它们的兄弟姐妹组成一个非洲野犬群。随着首领夫妇的繁殖，野犬群规模不断扩大，一些青年个体可能会离群出走，去组建自己的野犬群。通常情况下，一个野犬群中的几个姐妹会一同离开，在另一个野犬群中寻找几个兄弟来组建新的非洲野犬群。这有助于避免家庭成员之间的近亲繁殖。

非洲野犬首领通常是一夫一妻制，也就是说，它们会与同一个伴侣厮守一生。

虽然一个非洲野犬群由一对夫妇领导，但掌管一切的是其中的雌性首领。

235

群体生活

　　群体生活好处多多。捕猎时，非洲野犬群可以团队协作。如果有幼崽出生，所有成员会轮流看护幼崽。如果有成员生病或者受伤了，其他成员也能够照顾它们。科学家发现，比起其他群居动物，非洲野犬可能更懂得照顾老弱病残个体。

歌声竞选

当雌性首领死亡时，整个非洲野犬群会聚在一起，选择新的首领。这时，它们会举行一个对唱仪式。它们一雄一雌配对，领地四处回荡着它们阴森的叫声，这种令人毛骨悚然的歌声常被拿来和长臂猿的呼号相提并论。

互帮互助

当一个捕食者受伤时，它可能会成为群体中其他成员的负担，因为它既无法参与捕猎，又需要食物和休息来使身体恢复健康。许多动物都会抛下伤员不管，被抛下的伤员要么自食其力，要么忍饥挨饿。不过，非洲野犬会聚在一起帮助伤员。如果野犬群中有成员受伤了，其他成员会舔舐它的伤口。整个野犬群都会来照料和护理伤员，帮助它恢复健康。它们还会把肉储存在胃里带回来，再吐出来喂给生病的成员，就像喂养幼崽那样。

"喷嚏"投票

科学家观察到，非洲野犬会利用肢体语言来进行群体决策。当它们每天休息结束醒来时，会相互打招呼、一起玩耍，然后投票决定是否去捕猎。它们投票的方式是"打喷嚏"。如果首领夫妇"打喷嚏"，野犬群就会出发去捕猎；如果首领夫妇不在，那么只有当多数成员都"打喷嚏"时，野犬群才会出发去觅食。

领地范围

如今，有非洲野犬分布的国家比过去少得多。即使在这些国家，由于人口的扩张，非洲野犬捕猎和活动的空间也受到了限制。

为领地而战

非洲野犬这样的群居动物通常在自己领地内捕猎，远离其他会成为竞争对手的非洲野犬群。它们需要面积很大的领地，以捕获足够多的猎物，维持整个野犬群的生存。它们会尽可能地避开狮子、鬣狗等天敌。然而，非洲野犬的栖息地范围正在缩小，并且被人类活动分割得支离破碎。为了建造城镇、修筑道路，人类占用了大面积的土地；为了获得木材、开垦耕地，人类还清除了大片林地。在一些地区，由于岩石和矿物的开采活动，非洲野犬或被驱逐，或处于危险之中。领地的减少给非洲野犬的生存带来了额外的压力，也引起了不同非洲野犬群之间的竞争。

非洲野犬每年有大约四分之一的时间会待在同一个地方。在这段时间里，它们会建造或者寻找一个巢穴，在巢穴里生下幼崽。在其他时间里，非洲野犬会为了寻找食物游荡数百千米。许多非洲野犬群的领地面积为 400 ～ 600 平方千米。

传递信息

非洲野犬群会用气味来标记领地。首领夫妇会用尿液和粪便在其领地内的草和其他植物上留下气味。这种气味可以警告其他动物，已经有非洲野犬在这片土地上生活和捕猎。气味标记可以传递多种信息，非洲野犬和其他动物能够通过这些气味嗅出谁从这里经过、它们的数量有多少、它们有多强大，甚至它们往哪个方向行进。

非洲野犬通常会在植物上而不是裸露的地面上留下它们的气味。这种气味非常浓烈，最长可以保持十天。

239

看看我什么样

虽然非洲野犬与狗和狼只是远亲,但它们的样貌十分相像:它们都有四条腿,每条腿的末端是脚掌,脚掌下面有肉垫,每个脚趾的末端都有爪;它们口鼻部突出,由鼻子和上下颌构成。非洲野犬还有着长而蓬松的大尾巴,尾尖是白色的;它们还有一对像动画片里的米老鼠那样立起来的圆圆的大耳朵。

头宽颈粗,口鼻部短而有力,具有强大的咬合力。

为奔跑而生

非洲野犬为奔跑而生。它们被称为"奔跑型猎手",能够持续追逐猎物数千米。非洲野犬的四条腿长而纤细,身体修长轻盈,与许多犬科动物相比,它们能更持久地快速奔跑。

四个脚趾

包括家犬在内的大多数犬科动物,前足都具五趾。非洲野犬与众不同,每只脚上都只有四个脚趾。

体重为 18～36 千克, 体形与拉布拉多犬相近。

杂色花斑

非洲野犬最为显著的特征之一是毛皮上的花斑, 这也是它们俗称 "三色犬" "杂色狼" 的原因。花斑由白色、黑色和深浅不一的棕色毛发 (有些地方呈焦糖色, 有些地方呈巧克力色) 构成。每只非洲野犬的花斑都是独一无二的, 就如同人的指纹一样。这些花斑能够用来识别个体, 不过每只非洲野犬身体两侧的花斑不同, 识别起来并不容易。

毛发短而粗硬, 几乎没有绒毛。随着年纪的增长, 有些地方会变得稀疏。

非洲南部的非洲野犬毛皮颜色通常比非洲东部的非洲野犬浅。

特别的牙齿

来看看它们的牙齿! 前面的牙齿锋利尖锐, 用来咬住猎物, 而后面的牙齿也不同寻常。每只非洲野犬都有四颗特别的裂齿, 裂齿有一个额外的齿尖, 更便于把肉从骨头上撕下来。

241

超级感官

野生动物的两个主要目标就是寻找食物和保护自身安全。非洲野犬感官发达，有助于实现这两个目标。动物在捕猎时要依靠眼睛、耳朵和鼻子来追踪猎物，非洲野犬也不例外，它们拥有极佳的视觉、听觉和嗅觉。

耳听八方

对于非洲野犬这种群居动物来说，它们独特的耳朵具有非常重要的用途。又大又圆的耳朵就像碟形卫星天线一样，能够收集声音并将其集中，使非洲野犬听得更清楚。非洲野犬依赖听觉来察觉危险，并与群体中的其他成员进行交流。它们的外耳有很多肌肉，所以它们能够把耳朵转向各个方向，不需要转动头部就能够捕捉声音。

生活在炎热气候中的动物可能拥有一对大耳朵，来帮助身体散热降温。

目视前方

如果把非洲野犬和其他掠食性哺乳动物放在一起比较，你会发现它们眼睛的位置都是类似的。双眼位于头部的前侧，朝向前方，使它们拥有了所谓的"双眼视觉"。双眼视觉使它们能够准确地判断距离的远近，在追逐的过程中也能分辨出猎物离它们有多远。你如果注意过羚羊或者其他食草动物（被捕食者）的眼睛，就会发现它们的双眼位于头部两侧。这使它们拥有单眼视觉，能够看得很远并且视野广阔，以防有什么动物从它们侧面或者后面悄悄接近。

像犬羚这样的单眼视觉动物，两只眼睛能够分别看到不同的画面！

非洲野犬敏感的鼻子能够嗅到 20 千米（大概相当于 200 个足球场的长度）以外的气味。

分享气味

非洲野犬还会在粪便和反刍出来的肉上打滚。对于这种行为背后的原因，科学家有几种不同的观点。这可能是非洲野犬用来防止自己被猎物发现的聪明的手段。这些强烈的气味掩盖了它们自身的气味，这样它们就更容易接近猎物，然后再展开追逐。这种行为也可能是为了让同一个非洲野犬群的成员气味一致，进而使关系更加亲密。

沟通交流

生活在大群体中的动物必须相互沟通交流。虽然非洲野犬不会说话，但它们能够通过发出声音来传递信息，还可以用肢体语言和行为来建立联系，让彼此了解发生了什么。

远距离呼叫

一群非洲野犬聚在一起时，会发出一种平静的尖叫。而当它们分散开时，它们不会像家犬或狼那样吠叫或嗥叫，而是会发出一种它们特有的呜呜声。它们低垂着头，发出"呜——呜——"的声音，召唤非洲野犬群重聚在一起。这种声音远在 2 000 米之外都能听到。

完成一次捕猎之后, 非洲野犬会聚在一起休息。

动物语言

非洲野犬群的成员多数时间都待在一起, 它们似乎特别喜欢挤在一起睡觉。当它们醒来时, 或在捕猎前后, 它们会热情地彼此接近。它们典型的问候方式包括相互嗅闻、舔舐、发出喊喊喳喳的声音, 以及往对方身子底下钻。它们会低下头, 垂下耳朵, 把尾巴卷到背上。

加深关系

和其他犬科动物一样, 摇尾巴也是非洲野犬进行交流的一种方式, 它们还会以此来增进感情。它们相互蹭脸, 舔舐和嗅闻对方的口鼻, 有时还会跪下来。群体成员们相互追逐玩闹、拉扯尾巴, 尤其是群体中有年轻或年幼成员的时候。

繁衍后代

　　非洲野犬每年繁殖一次，一次可以产下多只幼崽。因为幼崽很脆弱，容易受到捕食者的袭击，所以并不是所有的幼崽都能活下来。群体中通常只有首领夫妇会繁殖后代，不过有时候地位仅次于首领的雌性也会产下幼崽。这种情况下，首领可能会把这些幼崽当作自己的孩子来抚养，也可能会把它们杀死。

安身之处

非洲野犬通常在年初交配繁殖，幼崽则在几个月之后出生。在此期间，非洲野犬群不会大范围游荡，而是在一个地方定居。非洲野犬妈妈会在一个巢穴里分娩，它们通常会选择土豚遗留下来的地洞，清理后用作自己的巢穴。与人类相比，雌性非洲野犬的妊娠期（胎儿在体内发育的时间）很短，一般为 71～73 天。

保障安全

幼崽出生后, 非洲野犬妈妈会让它们在地下的巢穴里生活, 这段时间长达四个星期。这样做是为了让它们躲避狮子、鬣狗和蜜獾等捕食者, 这些动物都可能袭击非洲野犬幼崽。藏身之所对于幼崽的生存非常重要, 如果巢穴不再安全, 非洲野犬妈妈就会把幼崽转移到另一个巢穴, 有时可能会转移两三次。如果巢穴变得太臭或者太脏, 非洲野犬妈妈就可能会换巢。

如果巢穴里有跳蚤等寄生虫滋生, 非洲野犬妈妈可能就不得不把幼崽转移到新巢穴去。

兄弟姐妹

一窝非洲野犬幼崽可能有 2 ~ 15 只。对不同群体的研究表明, 在生存压力比较大的时候, 新生幼崽的数量就会比较少。而在生存压力较小的年份, 群体安居期间, 非洲野犬妈妈一次可以产下十多只幼崽。

家的温暖

初生的非洲野犬幼崽不能视物，弱小无助。它们只能喝母亲的奶水，老实地躲在巢穴里。几周后，它们的眼睛才睁开。它们的大耳朵起初是软趴趴的，但在两到三周后会立起来。

扫码看视频

一开始，幼崽的头部太大，走路时腿摇摇晃晃的，容易失去平衡。

渐渐长大

新生幼崽的体重大约 300 克，比一罐听装的可乐还轻！刚开始，它们的毛色非常深，随着年龄增长，开始出现斑驳的花纹。幼崽出生后最初的几周里喝母乳，到一个月大时，它们就能吃成年非洲野犬反刍出来的肉了（见第 249 页）。之后，成年非洲野犬会把捕获的猎物的肉块带回来给幼崽分享。幼崽会把这些肉块撕来扯去，这可以帮助它们为日后自己捕猎做准备。在一岁之前，它们不会参与捕猎活动。

临时看护

雌性首领会在巢穴中照顾自己的幼崽，但不久后它就要再去领导捕猎活动，此时幼崽可能只有六周大。一旦停止给幼崽哺乳，它就可以把幼崽交给群体中的其他成员照看，可能交给幼崽的父亲，也可能交给它们的阿姨或叔叔。野犬群的成员会各尽其能地抚养幼崽，保护它们，和它们玩耍，教它们技能，以及为它们提供食物。

婴儿食物

非洲野犬用一种不同寻常的方式来给幼崽喂肉。成年非洲野犬会在杀死猎物的现场进食，回到巢穴中再把肉吐出来给幼崽吃。它们的身体有一个特点：不会立刻开始消化食物。这使它们可以把还是固体形态的食物反刍出来。像这样把肉吞到肚子里带回来是最安全的，不用担心叼在嘴里被周围徘徊的鬣狗偷走或抢走。非洲野犬也用同样的方式把猎物的肉块分享给看护幼崽的成年非洲野犬。

非洲野犬的一天

像大多数食肉动物那样，在一天的时间里，非洲野犬要捕猎、进食，还要睡觉。当它们感到安全和放松时，它们还会花很多时间来享受群体的陪伴。这样的游戏时间有利于增进群体成员之间的感情。

猎杀时刻

非洲野犬主要是昼行性的，也就是说，它们主要在白天活动，而不是在夜晚。不过，它们大部分的捕猎行为发生在黎明和黄昏，这也被称为"晨昏活动"。它们也会在月圆之时，借助月光来捕猎。作为群体行动的猎手，非洲野犬能杀死比自身体形更大的动物。

为了了解非洲野犬的食性，科学家不仅要观察非洲野犬的捕猎活动，还要研究它们的粪便。它们的粪便中包含着关于它们饮食的重要信息。

无肉不欢

非洲野犬被归为超级食肉动物，它们的食物超过 70% 是肉类。科学家观察到，成年非洲野犬每天至少需要吃 1 千克的肉，如果需要再给巢穴中的幼崽和"保姆"带一些食物，那么它们可能会吃得更多。有时，一个非洲野犬群一天要捕猎六次才能获得足够的肉。它们被吉尼斯世界纪录认证为世界上最成功的捕食者，捕猎成功率远高于很多超级食肉动物。据估计，它们捕猎的成功率为 70% ~ 80%（取决于它们的猎物），而狮群捕猎的成功率只有 20% ~ 30%。

残羹剩肉

非洲野犬强烈的群体观念决定了它们进食的顺序。它们通常会让幼崽先吃，然后才轮到包括首领在内的健康成年非洲野犬进食，生病或者受伤的成员也会被照顾到。如果猎物被捕杀的地点距离非洲野犬群比较远，领头的非洲野犬们就会尽可能迅速吃下它们能吃的量，然后再招呼其他成员过来。这是一场与时间的赛跑，因为鬣狗和狮子一直在附近徘徊。非洲野犬通常只吃大型猎物身上肉比较多的部分，把较硬的部分留给赶来的食腐动物。

捕猎行动

非洲野犬是非洲体形最大的犬科动物，但比起生活在附近的一些捕食者，非洲野犬的体形没有那么大，也没有那么强壮。鬣狗的体形比非洲野犬大得多，因此鬣狗会无所畏惧地对非洲野犬群发起攻击或者抢走它们的猎物。狮子的体形显然更大，是非洲野犬最大的天敌。

非洲野犬群会在猎物被狮子抢走之前尽快进食。

饥饿的鬣狗

非洲有三种鬣狗，生活在马纳波尔斯的非洲野犬与其中体形最大的斑鬣狗比邻而居。斑鬣狗能够长到 1.8 米长，约 1 米高。斑鬣狗生活在由雌性个体统治的群体中。它们会猎杀不同体形的动物，也不介意吃那些已经被杀死的猎物。因此，非洲野犬必须提防斑鬣狗群抢夺它们的猎物。斑鬣狗的下颌极其有力，能够将猎物吃得一干二净，甚至包括骨头和蹄子。这样有力的下颌能将非洲野犬咬成重伤。

"杀手大猫"

狮子是马纳波尔斯最常见的非洲野犬杀手。一只成年雄狮的体重可以轻松达到成年非洲野犬的六倍；成年雌狮的体重也可能达到非洲野犬的四倍。虽然大部分捕猎工作都由雌狮负责，但雄狮也乐意抓住机会抢夺非洲野犬捕到的猎物。非洲野犬只能远远躲在一旁，沮丧地看着自己捕猎的成果白白丢掉。在再次捕到猎物之前，整个非洲野犬群都要忍饥挨饿。

狮子会找到并杀死非洲野犬的幼崽。如果有机会，那么它们甚至会杀死成年非洲野犬。

离远点！

　　并不只有狮子和鬣狗会给非洲野犬带来麻烦。每当野犬群需要渡河，甚至仅仅是靠近水塘或河流喝水的时候，都会面临鳄类的威胁。一旦巢穴的位置被其他捕食者发现，非洲野犬的幼崽就很容易遭到攻击。

小而凶猛

虽然非洲野犬幼崽会被成年野犬小心翼翼地藏好，但还是有一种特殊的小型捕食者能够嗅出它们的位置。蜜獾的嗅觉非常灵敏，还有着锋利而强劲的爪子，能够快速挖掘坚硬的地面。蜜獾的体形可能只有成年非洲野犬的一半大，但是极其凶猛，有锋利的尖牙。蜜獾似乎什么都不怕，甚至面对保护非洲野犬群的雌性首领也毫不畏惧。它们身披一套特别的"盔甲"—— 一层非常厚实而又松弛的皮肤。这层皮肤使它们不易被咬伤，有利于它们扭动并挣脱，甚至转身回咬攻击者。

潜藏水中

对于非洲野犬来说，鳄似乎是令它们深深着迷而又十分恐惧的对象。整个非洲野犬群会聚在水边，盯着水面，搜寻这些体形巨大的爬行动物。非洲野犬甚至宁可与猎物隔岸相望，也不敢冒险涉水，遇上鳄类。它们的害怕是有理由的。生活在非洲的尼罗鳄是世界上体形第二大的鳄类，体长能够达到6米，巨大的嘴足以吞下整只非洲野犬。

河里全年都有鳄，但在雨季，一些鳄会离开河流，进入附近的水塘和溪流。非洲野犬在那些地方也要很小心。

闪电袭击

尽管非洲野犬警觉性很高，但它们有时还是逃不过鳄的捕食。这种巨大的爬行动物能够以极快的速度从水里冲出来，咬住离水边太近的非洲野犬。非洲野犬群的其他成员只能无助地看着自己的同伴被拖入水中。

捕猎和进食

非洲野犬的身体结构非常适合奔跑。它们成群结队捕猎，能够以最快的速度追赶猎物。非洲野犬的捕猎目标通常是中等体形的食草动物，但它们也会捕猎其他类型的动物，这取决于有什么动物可以供它们捕捉。

扫码看视频

非洲野犬群会分成几个由三四只非洲野犬组成的小队，这样它们就能分散开，从多个方向包围被它们盯上的猎物。

非洲野犬奔跑的速度可以达到每小时 65 ~ 70 千米。

非洲野犬群会以独特的捕猎姿势悄悄接近猎物。它们耳朵后折，低下头，口鼻部前伸，集体行动。

靠近……追!

右图中的非洲野犬雌性首领正在一群猎物中寻找下手的对象——一个生病、受伤或者年老的目标，它会比群体中其他成员更加羸弱，跑得更慢。当猎物们察觉到非洲野犬时，它们会因受惊迅速逃窜。一场追逐战就此开始……

黑斑羚是非洲野犬的主要猎物。

捕获

羚羊跑得很快，但非洲野犬也毫不逊色。这些猎手还具有很强的耐力，长时间奔跑不在话下。黑斑羚并不是容易捕捉的捕猎目标，它们可以跳过 3 米高的障碍物，一跃就跳出 10 米的距离。但非洲野犬坚定专注，穷追不舍。当领头的非洲野犬咬住黑斑羚的后腿并把它拖倒在地上时，这场追逐就结束了。

食谱

非洲野犬会捕食小羚羊、扭角林羚、汤氏瞪羚和犬羚。它们也会捕猎较小的动物，如野兔、疣猪、蔗鼠、豪猪等。偶尔，它们还会捕捉一些体形非常大的猎物，比如角马、斑马和非洲水牛。

尝试新猎物

研究马纳波尔斯非洲野犬的科学家见证了它们如何巧妙地适应不同的环境。旱季时，由于地面上有危险的坑洞（见第 271 页），捕猎难度大大增加。这里的非洲野犬学会了在旱季时捕食狒狒，而不去冒险挑战坑洞。这是人们第一次观察到这种现象。

狒狒有不少时间待在树上，但也会到地面觅食。一只硕大的雄性狒狒或许能够保护自己和它的狒狒群，但在遇到像黑尖率领的野犬群这样数量众多的非洲野犬时，也难以招架。

尽在掌控

作为食肉动物，非洲野犬的天敌很少。只有足够强大和凶猛的大型食肉动物，比如狮子，才能攻击成年非洲野犬。而非洲野犬会猎杀各种其他动物，在非洲大家园的生态系统中发挥着重要的作用。

什么是食物链？

食物链描述了生物之间由吃与被吃的关系而形成的食物关系。它展示了谁吃谁，以及当一种生物吃另一种生物时，能量是如何转移的。食物链的起点是生产者，生产者是指能够利用阳光生产自己所需养分的生物，主要是植物。接下来是初级消费者，也就是以生产者为食的食草动物。然后是次级消费者，即以食草动物为食的捕食者。三级消费者以比它们低一级的次级消费者为食。在一定的生存空间内，它们几乎没有天敌，也被称为顶级捕食者。一条食物链可以用箭头表示生物之间的能量流动方向，如"草→黑斑羚→非洲野犬"。

兀鹫这样的食腐动物是食物网的重要组成部分，它们会清理环境中的死尸。

链条的一环

对于生活在周围的其他捕食者来说，非洲野犬起到了支持的作用。非洲野犬追逐猎物时，会迫使羚羊进入河中，成为鳄的盘中餐。它们还为等待坐享其成的狮子和鬣狗提供了唾手可得的食物。当非洲野犬不受打扰地享用捕获的猎物时，它们吃剩下的部分（如皮、头部和骨头）甚至能为食腐动物提供食物。

什么是食物网？

多条食物链组合在一起，就形成了一张食物网。食物网展示了一个生态系统中的生物是如何相互作用的。
在这张网上，一种生物可能是不止一种动物的食物。一个健康的生态系统，其食物网能够保持平衡。例如，
如果一个地区有足够数量的顶级捕食者，就会使像鹿这样的食草动物不停地到处迁移，而植物得以再生，
防止环境被过度破坏。

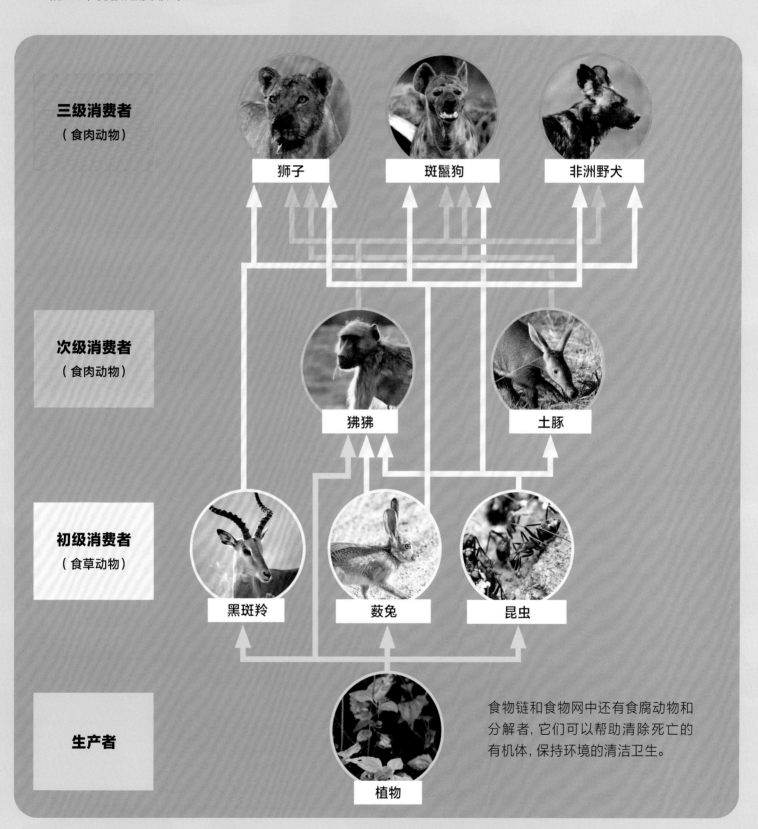

三级消费者
（食肉动物）

狮子　　斑鬣狗　　非洲野犬

次级消费者
（食肉动物）

狒狒　　土豚

初级消费者
（食草动物）

黑斑羚　　薮兔　　昆虫

生产者

植物

食物链和食物网中还有食腐动物和
分解者，它们可以帮助清除死亡的
有机体，保持环境的清洁卫生。

注：箭头从食物指向吃它的生物。

威胁的阴影

非洲野犬正面临着灭绝的危险。在非洲，它们是濒危程度第二高的犬科动物，其数量每个十年都在下降，如今，有非洲野犬分布的国家比过去任何时候都要少，非洲野犬的领地面积不足先前的17%。

不断下降的数量

专家认为，目前野外仅剩约 6 500 只非洲野犬，而过去曾有约 50 万只。人类是非洲野犬面临的最大威胁。不断增长的人口意味着越来越多的土地被用来建造城镇、农场和道路。这使得非洲野犬的领地支离破碎，也使它们的猎物数量减少，非洲野犬群生存更加艰难。

非洲的犬科动物中，只有埃塞俄比亚狼的濒危程度比非洲野犬高。

EX	灭绝
EW	野外灭绝
CR	极危
EN	濒危
VU	易危
NT	近危
LC	无危

在世界自然保护联盟《受胁物种红色名录》中，非洲野犬被列为濒危动物。

世界自然保护联盟《受胁物种红色名录》是全球生物多样性健康状况的指标。

遭到猎杀

尽管并没有野外故意攻击人类的记录，但仍有成千上万的非洲野犬被当作有害动物猎杀。曾经有一段时间，人们每杀死一只非洲野犬都会因"除害"得到奖励。一些人会射杀它们、毒杀它们，还会布下陷阱捕捉它们，直到今天，这种行为依然存在。非洲野犬是群居动物，它们不会丢下受伤的同伴，这使它们的处境更加危险。如果非洲野犬群中有一个成员被抓住，那么其他成员可能会回来营救它，令整个群体面临被困或被抓的风险。

染病而亡

大量非洲野犬死于疾病。它们很容易感染由家犬传播的疾病，例如狂犬病和犬瘟热。但与家犬不同的是，没有兽医为非洲野犬治病。

追踪监测

科学家给一些非洲野犬装上了无线电项圈，以便对它们进行定位，观察它们的生活习性。这些项圈发射的无线电信号能够被天线接收，这样科学家就能根据信号跟踪非洲野犬群。很多戴项圈的非洲野犬生活在保护区内，但大约 70% 的非洲野犬都生活在保护区外。

非洲野犬的故事

相信你对非洲野犬的生活方式有了更多的了解，现在读一读下面的故事，看看泰特和黑尖在非洲的荒野中面临着怎样的挑战。

泰特是这个非洲野犬群的女王。它领导族群已经七年多了——这么长时间的统治非同寻常。泰特曾多次诞下后代，有数以百计的子孙。

　　泰特的族群在它们广阔的领地上捕猎。这里是赞比西河畔最好的捕猎之处。然而，它们正面临着困境——领地周围生活着狮子、鬣狗和另一群非洲野犬，四周强敌林立，泰特的族群没有进一步扩张的空间。

　　泰特和它的伴侣——雄性首领奥克斯，共同领导族群。

泰特的女儿黑尖是另一群非洲野犬的首领。多年来，它一直与母亲和平共处，各自坚守自己的领地。

可如今，黑尖的族群不断壮大，已经有了30只非洲
野犬。原先的领地已经无法满足它们捕猎的需求。黑尖不
能冒险将族群带到狮子的领地，也不能冒险前往鬣狗或人
类的地盘。它别无选择，只好入侵母亲的领地。

瞄准泰特的族群晨猎后休息的时机，黑尖行动了。

黑尖身先士卒，带领它的族群冲锋陷阵。黑尖的族群成员数量是泰特的族群的两倍，所以驱逐泰特的族群对它们来说并不是什么难事。

泰特几乎无处可去。它只能冒险带着自己的族群渡河，进入狮子的领地。

三个月过去了，黑尖和它的族群在这片区域安顿了下来。它们在领地边缘留下气味，宣示自己对这片领地的所有权。在这三个月里，它们吃喝不愁。但随着旱季的来临，捕猎变得十分艰难。

非洲野犬捕猎靠的是速度。然而，之前大象在泥泞中行走时留下的脚印如今被烤干，变成了一个个小深坑。这对非洲野犬十分不利，它们只要一步踏错，就可能摔断腿，而它们的主要猎物黑斑羚能够轻易地越过坑逃走。

扫码看视频

因此，黑尖找到了另一种食物——狒狒。通常，非洲野犬会避开这些长着锋利牙齿的大猴子，但当一群非洲野犬集体出动时，数量上的优势足以让它们赶走凶猛的成年雄性狒狒，对无力自保的幼年狒狒下手。

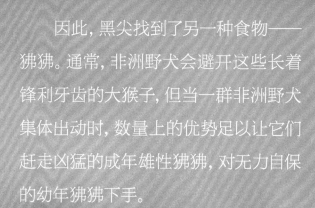

黑尖的新地盘不仅是捕猎的好地方，还是适宜繁殖后代的安全之所。黑尖和它的伴侣——雄性首领大黄蜂，迎来了五只新生幼崽。

淘气的幼崽长大一点儿后，就会从巢穴里跑出来，探索外面的世界。那里充满了冒险和有待发掘的新事物。

黑尖不得不把幼崽交给它们的爸爸照看。作为族群首领，黑尖必须带领大家
捕猎，否则整个族群都要挨饿。

距离泰特被迫离开自己的领地已经过去了四个月。令人惊讶的是，泰特不仅保护了整个族群，甚至生下了更多的幼崽。这已经是泰特产下的第八窝幼崽了，它把它们藏在地下一个废弃的土豚巢穴里。

泰特和族群里的"保姆"必须保护弱小的
幼崽免受捕食者（比如这些小而凶猛的蜜獾）
的伤害。

在狮子的领地捕猎是一件很危险的事情。泰特每天要带领它的族群两次闯入狮子领地的中心。它们必须速战速决。如果不能迅速捕获并吃掉猎物，狮子就会来驱赶它们或窃取它们的劳动成果。

今年的旱季异常干燥。黑尖的幼崽已经长大到可以和族群一起行动了。黑尖又去给它抢来的领地做气味标记，这次，它闻到了一种再熟悉不过的气味，来自它的母亲。黑尖追随着气味，带领族群来到陌生的土地。这一次，它要把母亲的族群永远赶出马纳波尔斯。

这是一场没有太大意义的追逐。黑尖过于冒进的行为让族群陷入了险境。它们离鬣狗的地盘越来越近，而夜幕逐渐降临。这时，族群中的成员很容易脱离"大部队"，而落单的成员将不堪一击。

黑暗中，黑尖继续向前进发。在没有月光的夜晚，身处旷野是很危险的，尤其是还有 15 只鬣狗在身后尾随。非洲野犬率先发动攻击，想把鬣狗赶走。然而有一只野犬幼崽落了单，不幸沦为鬣狗的盘中餐。

整个族群似乎都为幼崽的遇难感到哀伤，但黑尖并没有就此打道回府。它带领族群越过泰特旧领地的边界，闯入狮子的领地。无论白天还是黑夜，这里都很危险。

扫 码 看 视 频

泰特嗅到了危险的气息，它知道是黑尖带着族群找上门来了。

泰特不能让自己的族群坐以待毙。随着黑尖步步逼近，泰特带领族群开始逃亡。

　　黑尖的族群实在无法长时间忍受 50 摄氏度的高温，不得不停
下脚步，在树荫里休息。

然而，这里可不是休息的好地方。处在非洲野犬最大的天敌——狮子的眼皮底下，黑尖和它的族群难免遭遇袭击，只能仓皇而逃。

扫码看视频

黑尖的幼崽又一次陷入了极其危险的境地。狮子本来要集中精力对付非洲野犬幼崽，可一头落单的水牛不知从哪里冲了出来，转移了狮子的注意力。狮子有了新的目标，非洲野犬幼崽这才转危为安。

这是一次侥幸的逃脱，但黑尖的族群不是每次都这么幸运。尽管鳄鱼出没的水域十分可怕，但非洲野犬不能不喝水。族群中有位成员凑得太近，不幸落入鳄鱼口中。

明智的首领知道何时应当撤退。
黑尖为了驱逐母亲的族群，已付出了
太大代价，是时候带着族群回家了。它
们迷途知返，日夜兼程，向着家的方向
飞奔。

泰特和它的族群很快觉察到，危机已经解除了。几个月来，它们第一次可以放松玩耍。

泰特的族群可以回到自己的领地了，泰特却不再是它们的首领了。它已是风烛残年，行动迟缓，逃不过狮子的追捕了。

　　如今，泰特的族群必须选出新的首领。随着雨水滋润大地，食物变得丰富起来，它们踏上了回家的路。一路上，不断有成年雄性非洲野犬加入它们的队伍。很快，族群新添了更多的幼崽——这一次，产崽的是泰特最小的女儿塔米。塔米将接替它的母亲，成为这个族群新的雌性首领。

不止塔米，黑尖也产下了一窝幼崽。这窝幼崽有十只，比上一窝还多。泰特
的血脉再次得到了延续，这位了不起的首领留下了一个由 280 只非洲野犬组
成的大家族。

黑猩猩知识

这是戴维

　　戴维是一个黑猩猩群的首领。为了在撒哈拉沙漠边缘的塞内加尔生存下去，并守住自己的统治地位，戴维必须不断奋斗。戴维时刻面临挑战，因为总有其他黑猩猩想要取代它的位置。

　　在戴维当上首领的第三年，英国广播公司的一支摄制组开始对它和它的黑猩猩群进行跟踪拍摄。摄制组见证了戴维经历的残酷战斗，目睹了它的家园被一场大火烧成灰烬的过程，也看到了它为战胜对手而做出的尝试。最终，其成片以纪录片《王朝》系列中的一集节目呈现。

戴维的家族

黑猩猩是社会性动物，它们共同生活在群体之中。一个黑猩猩群里有成年雄黑猩猩、成年雌黑猩猩和小黑猩猩。小黑猩猩是成年黑猩猩的后代，有的刚出生不久，有的年龄稍大一点儿。一个黑猩猩群中通常是雌黑猩猩数量较多，但戴维的家族是个例外，雄黑猩猩所占比例更大。

聪明的动物

黑猩猩属于灵长类动物。灵长类动物既包括狐猴、懒猴、狨等成员，也包括我们熟知的猴和猿。猿的特点是没有尾巴，头部较大，鼻子又短又宽。猿又被分为小型类人猿和大型类人猿，前者包括长臂猿，后者包括猩猩、大猩猩和黑猩猩。

包括懒猴在内，大约有 400 种灵长类动物。

人科动物

大型类人猿都属于人科动物，其中包括三种猩猩、两种大猩猩和两种黑猩猩。所有大型类人猿都多毛、长臂，并且适合在树上活动。它们主要以植物为食，大多在白天活动。

灵长类动物是进化程度最高的一类动物。

大猩猩

大猩猩是体形最大的大型类人猿，分为两种，即东非大猩猩和西非大猩猩，都只分布在非洲。

黑猩猩与人类

黑猩猩被认为是与人类亲缘关系最近的动物，这两个物种在大约 600 万年前由共同的祖先分化而来。人类与黑猩猩基因组的相似度高达 98%，两者都是社会性动物，依靠声音和表情进行交流；都有相对较大的大脑，因而有能力使用工具并解决问题；都能够用双脚直立行走，并且都有灵活的手指（包括对生的拇指），能够摆弄较小的物体。

猩猩

猩猩又叫红毛猩猩，是世界上体形最大的树栖动物。它们也是唯一分布在亚洲的大型类人猿。

黑猩猩和倭黑猩猩是大型类人猿中体形最小的两种。

倭黑猩猩

倭黑猩猩的样貌与黑猩猩相似，但它们面部呈黑色，嘴唇是粉色的。倭黑猩猩只分布在非洲的一小块区域，即刚果民主共和国湿润的热带雨林中。

长臂猿

长臂猿是体形中等的灵长类动物，它们分布在亚洲的森林中，特别擅长用长长的手臂在树木间荡来荡去（这种行为被称为臂跃行动）。

生活在何处？

英国广播公司《王朝》系列纪录片摄制团队来到塞内加尔的东南部，拍摄戴维和它的黑猩猩群。黑猩猩生活在非洲西部和非洲中部的大部分地区，在赤道的两侧都能见到它们的身影。黑猩猩有四个亚种，它们生活在多个不同国家，包括塞内加尔、马里、塞拉利昂、利比里亚、科特迪瓦、加纳、尼日利亚、喀麦隆、刚果、安哥拉、南苏丹、乌干达、卢旺达、布隆迪和坦桑尼亚。

生存极限

戴维的黑猩猩群大约有 32 只黑猩猩，生活在森林与撒哈拉沙漠交汇处的一片由森林和稀树草原构成的地域。这里的气温可高达 40 摄氏度以上，旱季非常漫长，而且很难找到食物和水。这里的环境已经达到了黑猩猩的生存极限。

黑猩猩是分布范围最广的大型类人猿。

树栖动物

黑猩猩主要生活在森林中，不过它们中也有一些生活在树木较少的稀树草原，戴维的家族就是这样。不同的黑猩猩亚种适应不同类型的森林生活，从山地森林到低地森林，从干燥林到沼泽林，都有它们的身影。

比起那些生活在森林中的同类，生活在稀树草原的黑猩猩在地面上活动的时间更多，并且更常用双脚直立行走。

303

黑猩猩小档案

黑猩猩是一种强壮有力的动物，其平均身高比成年人矮，体重和一个小个子的人相仿，体形显得格外敦实。它们确实比人类强壮得多，人类难以搬动的石头它们能举起来甚至扔出去。

黑猩猩们会互相挠痒痒，一起玩捉迷藏或其他游戏。

雌性黑猩猩的体形比雄性小，攻击性也较弱。

黑猩猩妈妈通常每胎只生一个孩子，但有时也会生双胞胎。

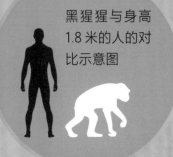

黑猩猩与身高1.8米的人的对比示意图

黑猩猩

学名： *Pan troglodytes*

亚种： 4 亚种

纲： 哺乳纲

目： 灵长目

保护状态： 濒危或极危（西非亚种）

野外寿命： 至少 30 年，有时可达 50 年

分布范围： 非洲

栖息地： 森林、林地或热带稀树草原

身高： 1.2 ～ 1.7 米

体重： 雄性 40 ～ 60 千克；
雌性 32 ～ 47 千克

食物： 水果、树叶、树皮、蜂蜜、鸟蛋、昆虫、小型动物

天敌： 大型猫科动物，如豹、狮子

人类造成的威胁： 栖息地破坏，疾病，为获取野味而进行的盗猎，非法宠物贸易

在森林中生活的黑猩猩，其活动范围可覆盖 7 ~ 32 平方千米的区域。

树上生活

黑猩猩从小就是爬树专家，它们利用强壮的上肢爬上树，在树枝间攀爬。它们大部分时间都在树上吃东西和睡觉，因此，森林可谓是黑猩猩天然的家园。大多数黑猩猩生活在赤道雨林中，那里的天气在一年中变化不大。不过，戴维的黑猩猩群生活在稀树草原上，那里有明显的旱季和雨季之分。

这里是我的家

黑猩猩群在森林里拥有自己的领地，它们通常会在这片区域内漫游、寻找食物，一天可能会走 2 ~ 3 千米的距离。而生活在稀树草原上的黑猩猩往往走得更远，可能达到每天 5 ~ 15 千米。食物和水越少，它们的活动范围就越大。雄性黑猩猩可能会保卫自己的领地，阻止其他黑猩猩群入侵。这可能会导致严重的冲突，血腥的战斗会让入侵者受伤，甚至死亡。

扫码看视频

生活在稀树草原上的黑猩猩，其活动范围要大得多，有时可达 65 平方千米。

看看我长什么样

黑猩猩是一种大型灵长类动物，其大部分体表都覆盖着棕色或黑色的毛发。它们的面部、手掌和脚底都没有毛，而且随着年龄的增长，这些部位的颜色会发生变化，年龄越大，颜色越深。黑猩猩的耳朵很大，嘴很宽，还有厚厚的嘴唇，鼻子比较小，双眼上方有着高耸的眉脊。

双眼朝向前方，因此有良好的双眼视觉。

经常夹杂一些灰色的毛发。

面部裸露无毛，不过下颌上可能会有胡须。

强壮有力的手臂使它们能轻松地在树木之间荡来荡去。

四处走走

黑猩猩能用两条腿直立行走，但更多时间它们还是用四肢行走。用双脚走路时，它们的双手就能腾出来拿东西。黑猩猩的手臂比腿长，所以当它们用四肢行走时，脸依然可以朝前。它们的手指会蜷在手掌中，将指背支撑在地面上，而指背上坚硬的皮肤能起到保护作用。

常常以指背着地行走。

小黑猩猩刚出生时以母亲的乳汁为食。

年轻的黑猩猩面部是粉红色的。

脚趾结构适合攀爬，以及抓取物体。

脚趾分得很开，这样有利于抓紧树木。它们和人类一样，也长趾甲和指甲。

幼时的黑猩猩臀部有一簇白色的毛。

在树上

黑猩猩在地面上能够快速移动，在树上也可以快速前进。它们会在树木间荡来荡去，也可以轻松地沿着树干爬上爬下。黑猩猩的手很长，手指也很长，能像钩子一样抓握和攀爬。虽然拇指比较短，但这对它们来说并没有什么影响。

适于抓握的拇指

和人类一样，黑猩猩也长有对生的拇指，可以用来抓握物体。黑猩猩还长有对生的大脚趾，所以它们的脚也能像手一样抓握，这对于爬树、握持工具和进食都有帮助。

须发渐白

和人类一样，黑猩猩的发色也会变灰，不过这并不是年老的标志，因为黑猩猩在中年时期须发就会开始变得灰白。

看看，黑猩猩的头骨与人类的头骨多么相似。两者都有 32 颗牙齿。不过相对于人类，黑猩猩的脑容量较小，犬齿更尖。

黑猩猩会用双手或折起来的树叶从水坑中舀水喝。

灵巧的双手

　　黑猩猩是为数不多的几种能使用工具的动物之一。它们会用石头或坚硬的树枝敲击难以打开的坚果。小枝条对它们来说是非常好用的"钓竿"，能将白蚁或蚂蚁从巢穴中"钓"出来。有时候，它们会把苔藓或咀嚼过的树叶当作"海绵"吸水来喝。

黑猩猩还会将工具应用于一些更暴力的场景，比如把石头或木棍扔向自己的对手。

认知曲折

直到 20 世纪 60 年代初，人们还认为人类是唯一一种会使用工具的动物。之后，研究人员（例如珍妮·古道尔，详见第 330 页）发现黑猩猩会通过寻找、制造并使用工具来完成一些困难的任务。从那时起，科学家们陆续发现，还有一些物种具备这样的能力，这些物种包括乌鸦、鹦鹉、海獭、大象，还有卷尾猴、大猩猩和红毛猩猩等灵长类动物。

观察学习

不同群体的黑猩猩使用工具的方式也不同，但它们的共同之处是，黑猩猩妈妈会将自己的技能传授给后代。黑猩猩从很小的时候就会观察它们的妈妈，学习如何制作工具并利用这些工具来完成各种任务。有些技能需要很多年才能学会。有些工具很珍贵，并非每只黑猩猩都能拥有。黑猩猩会把最好的工具在整个群体中分享。

"钓取"蚂蚁：只需要将一根小枝条捅入蚁穴，等待蚂蚁们爬上枝条，随即将枝条拉出来，便可将这些蚂蚁当作美味（但会爬动）的点心吃掉。

加工改造

黑猩猩很聪明，不仅会寻找工具，还能对其进行改造，使其更好地发挥功用。如果一根枝条太长，它们就会把末段咬掉。黑猩猩还会除去枝条上的树皮和树叶，使其更加光滑。

扫码看视频

生活在一起

　　黑猩猩们群居生活，一起玩耍、捕猎、进食、睡觉，并通过相互梳理毛发来拉近彼此的关系。它们有着复杂的社会等级，群体中的黑猩猩会形成友谊，结成伙伴，当然也可能会成为敌人。它们之间的结盟关系不断地为适应新情况而变化。

父权社会

彼此相关的成员组成一个黑猩猩群。一个黑猩猩群由一只占主导地位的雄性黑猩猩领导。一个典型的黑猩猩群由 6 ～ 8 只雄黑猩猩和 12 ～ 16 只雌黑猩猩组成。这些黑猩猩不同年龄的后代也在一段时间内和它们共同生活。雄性后代通常会待在自己的群体之中，即使它们已经完全成年。而雌性后代成长到准备好进行繁殖的年龄时，往往会离开自己的群体，加入另一个黑猩猩群，这样就能够和与它们没有血缘关系的雄性交配，避免近亲繁殖。

有些黑猩猩群可以由多达 120 只黑猩猩组成。

扫 码 看 视 频

形成纽带

社交性的梳理行为对黑猩猩来说非常重要,它们以这种方式共度休闲时光,并建立起个体之间的关系纽带。黑猩猩之间的关系纽带越牢固,就越有可能团结一致,共同对付群体中的敌人。梳理行为包括梳理毛发,挑出多余的各种碎屑,如死皮,以及虱子之类的寄生虫等。

聚散有时

一个黑猩猩群的个体也不是所有时间都待在一起。大群会分散成几个小群,分头寻找食物。稍后,也许是几天之后,它们又会重新聚在一起。戴维的群体尤其如此,当食物充足时,它们会分开活动,但在艰难的旱季,整个群体又会重新聚集。

在梳理的过程中,黑猩猩会用手指在对方的毛发上挑来挑去,将灰尘和寄生虫挑出来清理掉。

群猩之首

每个黑猩猩群都有一名首领，它必须用力量和智慧来保持自己的统治地位。这名雄性首领能获得很多好处，但总会有其他雄性想推翻它的统治。守住首领地位的最好方式是与其他强壮的雄性结盟。

雄性黑猩猩首领相较于群体中其他成员，处于绝对的支配地位。

好处多多

雄性黑猩猩首领在群体生活中享有最好的待遇：优先获得食物和水，外加与处于繁殖期的雌性黑猩猩有更多的交配机会。这些对任何雄性黑猩猩来说都是最重要的，也是群体中地位较低的雄性黑猩猩梦寐以求的。从长远来看，成为首领意味着拥有更多生下很多后代的机会，而且自己的后代在未来成为群体首领的机会也更大。

领导者的智慧

获得首领地位的并非总是体形最大、最强壮的雄性。要想成为一名领导者，还需要有智慧，既要向那些有潜在威胁的黑猩猩宣示自己的统治地位，又要与自己的支持者结盟，从而更长久地维持统治。

咄咄逼人的肢体语言展示了首领的威慑力。

看一看我

雄性黑猩猩会以多种方式展示它们的强壮和力量。它们会用后腿将身体高高地立起，竖起身上的毛发，并发出很大的声音。它们还会摇晃树木，或者将木棒作为武器进行挥舞，并向四周扔石头和泥土。

雄性首领必须不断彰显自己的统治地位，以阻止其他雄性谋权篡位。首领的日子并不轻松，充满风险，它们可能会受伤、被驱逐，甚至被杀死。

沟通交流

社会性动物需要和其他同伴进行交流，黑猩猩之间通过表情、动作和声音来沟通交流。它们的表情和身体姿态会表明它们是友好的还是充满敌意的，或者两者皆有，比如年轻黑猩猩在打闹的时候。和人类一样，它们会用触摸彼此的方式来形成关系纽带，并能表达出快乐、悲伤、恐惧等情绪。

发出声音

黑猩猩用各种各样的叫声来表达它们的情绪，或者传递重要信息。常听到的一种叫声是"呼"声，这种叫声让黑猩猩即便相隔很远也能认出对方。每一只黑猩猩都有自己独特的喘嘘声，可以让它们分辨彼此。找到食物时，它们会通过嚷叫和喘哼来相互告知。如果发现异常或危险，它们会发出长长的、响亮的"哇"声。

和许多哺乳动物一样，黑猩猩会竖起毛发，让自己显得个头更大，让对手感受它的威慑力。

每一只黑猩猩的外表和声音都不同，它们可以通过叫声来区分彼此。

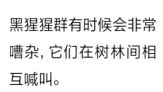

黑猩猩群有时候会非常
嘈杂，它们在树林间相
互喊叫。

明白我的意思吗？

研究人员已经观察到，黑猩猩会用各种面部表情及视觉
信号来表达自己的感受，其中一些常见的表情可能会被
人误解。例如，黑猩猩"咧嘴笑"其实并不是开心的表现，
而是通过张开嘴、露出牙齿来表示恐惧。其他信号还包
括邀请同伴理毛来表达友好，蹲下来并露出臀部是表示
对地位更高的个体的服从，拥抱则是为了让另一只黑猩
猩放松。

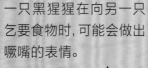

一只黑猩猩在向另一只
乞要食物时，可能会做出
噘嘴的表情。

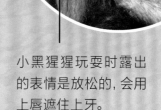

愤怒或受到惊吓的黑猩
猩除了露出牙齿，还会发
出尖叫和吼声。

小黑猩猩玩耍时露出
的表情是放松的，会用
上唇遮住上牙。

戴维的左耳有三个尖，而右
耳的上半部分已经残缺。

看看我是谁

和人类一样，不同的黑猩猩个体无论是外表还是性格都各不相同。这也
让研究人员能在一个群体中辨认出不同的个体。有些特征是非常明显
的，比如缺失的手指、因战斗而破损的耳朵，以及战斗留下的其他伤痕。
有些特征则更为细微，比如毛发和皮肤颜色的不同、面部的色斑，以及
一些独有的特征，比如凹陷的脸颊或深陷的眼窝。英国广播公司（BBC）
的摄制组是通过耳朵的残缺、眼睛下方凸起的脊线、低着头抬眼向上看
的独特方式，以及远离群体其他成员独自坐着的行为来识别戴维的。

黑猩猩没有特定的繁殖季节，在一年中的任何时候都有可能交配和分娩。

身为父母

　　不同于有些哺乳动物，黑猩猩不是一夫一妻制。也就是说，它们不会选择单一的交配伴侣来进行繁殖。相反，性成熟的成年黑猩猩会与不同的伴侣进行交配。这样，黑猩猩妈妈生下的孩子存活机会更大，因为雄性黑猩猩无法确定某只小黑猩猩是不是自己的孩子，所以它们更有可能会保护所有小黑猩猩，而不是将它们视为威胁并加以攻击。

繁殖迹象

当一只雌性黑猩猩准备好进行繁殖时，它的臀部会肿胀，并且呈亮粉色。它会与不止一只雄性黑猩猩进行交配，不过雄性首领往往会在繁殖期的大部分时间占据支配地位，吓跑其他雄性。

雌性黑猩猩的妊娠期大约为八个月。

长大成年

黑猩猩需要较长的时间才能达到性成熟。雌性黑猩猩要到 6 ~ 8 岁才准备好进行繁殖。雄性则需要更长的时间，要到 8 ~ 10 岁。生活在森林中的雌性黑猩猩分娩后通常会过几年再繁殖下一胎。相比之下，戴维的黑猩猩群中的雌性再次怀孕的速度更快。

319

养育后代

为了自己和新生宝宝的安全，怀孕的雌性黑猩猩通常会离开群体一段时间，生完孩子才返回。它们通常一次只生一只幼崽，双胞胎非常罕见。刚出生不久的黑猩猩宝宝会紧贴在妈妈胸前，紧紧地抱住在树林里荡来荡去的妈妈。

扫码看视频

一只小黑猩猩骑在妈妈的背上。

逐渐长大

随着黑猩猩宝宝长得越来越强壮，个头越来越大，它会变换位置，骑到妈妈背上。它可能会这样跟着妈妈到处活动，直到完全断奶。黑猩猩是哺乳动物，它们会用乳汁来喂养幼崽。小黑猩猩可能要到1岁才会断奶。4个月后，它们会开始吃各种食物，并开始与其他小黑猩猩一起玩耍，学习社会技能。

小黑猩猩通过观察它们的妈妈和其他年长的同类，学习如何寻找成熟的食物，以及判断哪些食物可以食用。

茁壮成长

小黑猩猩可能会留在妈妈身边长达十年之久，观察和学习新技能。这些技能包括如何搭窝、觅食、使用工具，以及如何融入群体，一起梳理毛发。小黑猩猩也会成群玩耍、练习摔跤和理毛技能。

小黑猩猩晚上会和妈妈睡在同一个窝里，直到妈妈生下另一个孩子。

黑猩猩的一天

黑猩猩是昼行性动物。它们在白天进食、四处游荡和玩耍。黎明时分，它们就开始活跃；夜幕降临，它们会安顿下来过夜。许多黑猩猩会在正午时分午睡，这样就可以在一天中最热的时候休息并保持凉爽。

如果确信附近没有捕食者，那么黑猩猩偶尔也会睡在地上。

在树上

和大多数大型类人猿一样，黑猩猩在树上就像在家里一样自在。这里是它们吃饭睡觉的地方，它们会在树枝上搭一个窝，以此作为过夜的安全之所。虽然黑猩猩会不断回到相同的地方，但似乎每天晚上它们都要用树叶重新搭窝。黑猩猩有自己偏爱的树，也会在之前搭窝的地方再建造一个新窝。有时候，它们甚至会为了中午打盹儿而搭一个窝。

家的港湾

科学家们发现，黑猩猩喜欢在一种名为乌干达铁木的树上搭窝。这种树的树干、树枝和树叶的组合似乎能提供一个坚固稳定的睡眠场所，其枝条结实又容易弯曲，树叶小而多，更易于搭窝。

嬉水

黑猩猩不喜欢游泳，不过人们也曾看到它们待在水里，溅起水花来取乐，或者利用水塘来降温纳凉。此外，黑猩猩也会蹚过浅水，穿越自己的领地。

进餐时间

　　黑猩猩是杂食动物，其食物多种多样。它们的食物中有很大一部分来自植物，这些食物包括果实、种子、树叶、树皮、花朵和树脂。它们会吃鸟蛋、蘑菇、蜂蜜，还会吃昆虫、小鸟等小型动物，甚至是猴类等体形较大的动物（见第 328 页）。

果香浓郁

果实绝对是黑猩猩最喜爱的食物。研究人员记录到不同群体的黑猩猩食用的果实至少有 100 种，甚至可能多达 300 种。不同的黑猩猩群体吃的东西也有差异，这主要取决于季节和可以获得的食物。在旱季，它们以檀榛和猿胡桃的果实为食，也会聚集在白蚁蚁丘周围。白蚁是脂肪和蛋白质的重要来源，可以占到黑猩猩每天食物的大约四分之一。五月至九月是雨季，这段时间食物通常比较丰富。

黑猩猩是杂食动物，果实在它们的食物中占比非常高。

蚂蚁和白蚁是黑猩猩最喜欢吃的昆虫，蜜蜂和蜜蜂的幼虫也是黑猩猩的食物。

种子的传播者

为了寻找食物，有些黑猩猩群一天要走几千米。它们可能在黎明之前就要动身，开始一天的旅途，夜幕降临时才停下。作为种子的传播者，黑猩猩在生态系统中发挥着非常重要的作用：它们在一个地方吃了果实，然后前往另一处，果实的种子就随着黑猩猩的粪便被带到了新的地方。这样，植物就被传播得更远、更广。

黑猩猩每天都要花几个小时进食。

休戚与共

当然，黑猩猩的生活并非与世隔绝，还有许多其他生物和它们一起生活在非洲的森林和稀树草原中。想吃肉时，黑猩猩可能就会把其中一些动物当作猎物；还有一些动物体形比黑猩猩大得多，黑猩猩无法对付它们，但有可能与它们和平共处。

非洲森林象

非洲象有两种，非洲森林象是其中体形较小的一种。它们的皮肤颜色更深，象牙更直，而且指向下方，而不是向外弯曲。

豹

虽然体形很大，但这并不妨碍豹成为优秀的爬树健将。它们捕食各种各样的动物，几乎是能捉到什么就吃什么，包括猴、鹿、啮齿动物、鱼和昆虫。它们会把较大的猎物拖到树上，以免被食腐动物偷吃。

保持安全

黑猩猩既聪明又强壮，因此很少有动物能对它们构成威胁。不过，它们偶尔也会成为豹、狮子或蛇的猎物。黑猩猩宝宝比成年黑猩猩更容易受到威胁，有些黑猩猩宝宝还会被狒狒掳走。不过，目前对黑猩猩构成最大威胁的还是人类。

狮子

这种威武强壮的猫科动物是非洲的顶级捕食者之一，它们能够捕杀像非洲水牛或斑马这样的大型猎物。当然，它们也会猎杀小一些的动物，比如黑斑羚和疣猪。白天的大部分时间里，狮子都在休息，随着气温下降，它们会更加活跃。

觅食

黑猩猩在大型类人猿中显得与众不同，因为它们既吃肉，又吃素。这种灵活的食性对黑猩猩这一物种的生生不息有很大贡献。与适应性更强的黑猩猩相比，其他大型类人猿的栖息环境更加受限。

协同合作

黑猩猩成群结队地进行捕猎，捕捉疣猴、狒狒、婴猴等动物。在首领和其他高等级雄性的带领下，黑猩猩们在树丛间追赶这些动物，利用自己的智慧、技巧和力量，把猎物引入预设的埋伏圈。

狒狒

疣猴

婴猴

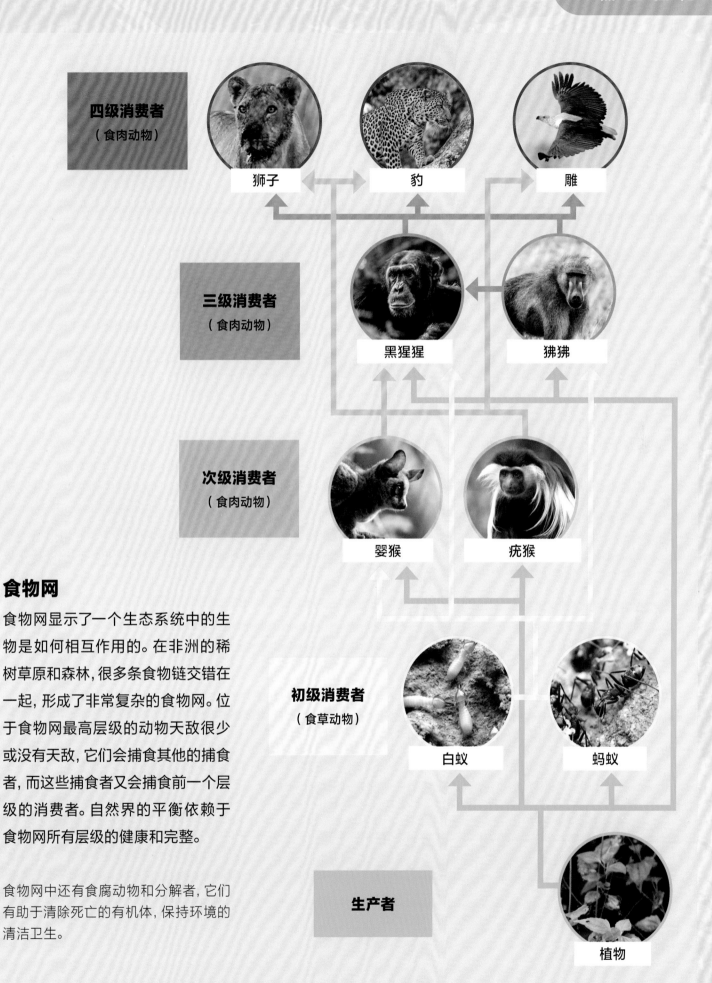

四级消费者
（食肉动物）

狮子　豹　雕

三级消费者
（食肉动物）

黑猩猩　狒狒

次级消费者
（食肉动物）

婴猴　疣猴

初级消费者
（食草动物）

白蚁　蚂蚁

生产者

植物

食物网

食物网显示了一个生态系统中的生物是如何相互作用的。在非洲的稀树草原和森林，很多条食物链交错在一起，形成了非常复杂的食物网。位于食物网最高层级的动物天敌很少或没有天敌，它们会捕食其他的捕食者，而这些捕食者又会捕食前一个层级的消费者。自然界的平衡依赖于食物网所有层级的健康和完整。

食物网中还有食腐动物和分解者，它们有助于清除死亡的有机体，保持环境的清洁卫生。

注：箭头从食物指向吃它的生物。

野生动物保护

几十年来，珍妮·古道尔一直是黑猩猩研究和保护领域的领军人物。她一生中大部分时间都在观察这些动物在其自然栖息地中的生存状况，并致力于保护它们的栖息地。正是古道尔改变了人们对猿类使用工具以及黑猩猩食性的认知。虽已年近九旬，但她依然在世界各地进行与野生动物保护相关的演讲。

珍妮·古道尔的呼吁提高了野生黑猩猩的生存概率，增强了人们保护野生动物的意识。

Dr. Jane Goodall

珍妮·古道尔因其卓越的工作而在世界各地获得了许多荣誉，并成为了联合国和平大使。

实地考察

珍妮·古道尔热爱动物和自然，并因此在非洲（现坦桑尼亚一带）研究野生黑猩猩。1960年，她只身前往非洲，与一个黑猩猩群比邻而居，观察它们的日常生活习性。正是在那里，她首次详细记录了黑猩猩使用工具、捕猎和进食（它们既吃肉类也吃植物）的情况。古道尔广泛深入的实地考察极大增进了我们对灵长类动物行为的了解。

珍妮·古道尔研究会的救助中心为那些因野味贸易而成为"孤儿"的黑猩猩们提供了一个家。

从科学家到活动家

珍妮·古道尔在进行研究的过程中，越来越清晰地意识到大规模的去森林化正导致黑猩猩失去它们的家园。因此，她将工作重点转向自然保护和公众倡议活动，大声疾呼保护环境的重要性。她还帮助建立了救助黑猩猩的庇护所。成立于 1977 年的珍妮·古道尔研究会（Jane Goodall Institute, JGI）是一个国际性非营利性组织。这个组织宣扬并实践着古道尔的愿景——保护黑猩猩，启发人们保护自然。

威胁的阴影

　　由于人类活动造成的影响，动物种群在不断衰退。我们不断地侵占动物们栖息的自然空间。黑猩猩面临着各种各样的威胁，包括农牧业开垦、采矿、伐木导致的栖息地丧失，以及人们为了获得野味而对它们的猎杀。

金矿开采导致黑猩猩可以栖息的土地面积缩减，开采过程中使用的汞还可能污染水源。

不断减少的数量

据珍妮·古道尔研究会估计，黑猩猩的数量已从一个世纪前的 100 万~ 200 万只下降至目前的 15 万~ 35 万只。所有大型类人猿都被世界自然保护联盟（IUCN）列为濒危物种，而黑猩猩西非亚种更是因其种群数量急剧下降而被列为极危物种——这一亚种的个体数量在 1990—2014 年下降了 80%，目前在非洲可能仅存不到 5 万只。

黑猩猩是濒危物种，但黑猩猩西非亚种数量下降非常迅速，该亚种在 2017 年被列为极危级别。

疾病缠身

非洲的野味过去就是当地人的重要食物来源。野生而非养殖的动物被捕杀，成为那些居所远离城镇或商店的人们的食物。然而，如今这种交易已经发展成商业行为，因而越来越多的动物遭到捕杀。同时，黑猩猩还面临疾病的威胁。随着人们占据更多的土地，距离黑猩猩也越来越近，人类所带来的埃博拉出血热等疾病传染给动物的可能性越来越大。黑猩猩的基因和人类的基因非常接近，即便是普通的感冒对黑猩猩来说也是危险的。

有些黑猩猩会被猎人捕捉并有目的地圈养起来，比如被当作异国宠物。

EX	灭绝
EW	野外灭绝
CR	极危
EN	濒危
VU	易危
NT	近危
LC	无危

在世界自然保护联盟《受胁物种红色名录》中，黑猩猩（*Pan troglodytes*）被列为濒危级别。

世界自然保护联盟的《受胁物种红色名录》是衡量世界生物多样性健康状况的指标。

展望未来

无论如何，黑猩猩的未来希望犹存。专家认为，解决问题的关键在于让当地人参与保护工作。部分黑猩猩栖息地已受到法律保护，但仍然需要人们足够的关心和重视。只有这样，相关法律才能有效执行，黑猩猩才能免遭盗猎者或环境破坏者的伤害。

戴维的故事

相信你已经对黑猩猩的生活方式有了更多的了解。现在你可以读一读戴维族群的故事，看看戴维在努力维持自己首领地位的过程中经历了怎样的艰辛。

　　故事中的这个黑猩猩群生活在塞内加尔东南部方果力地区，群体中大约有 32 只黑猩猩。它们的栖息地位于撒哈拉沙漠边缘，范围覆盖森林和稀树草原，而它们的首领就是戴维。

　　戴维已经做了三年的族群首领。对黑猩猩来说，这是相当长的一段时间，因为族群首领时常会被族群中的其他雄性赶下王位。

戴维的王位并非稳如泰山，它的统治地位也曾受到挑战。看它耳朵上的伤疤就可以想象，它经历过多么激烈的战斗。

在雨季，整个族群会分散成更小的群体。小群体中的黑猩猩在自己的领地内游荡，寻找食物和水。但随着旱季临近，食物和水越来越难得。分散的小群体在这样的困难时期就会重新聚在一起，而这也意味着戴维的对手们近在咫尺。

等到了旱季，族群中的局势愈发紧张，口角不断。一些年轻的黑猩猩摩拳擦掌，准备自立为王。

戴维的对手不止一个，年轻而野心勃勃的卢瑟就是其中之一。它身强体壮，十分好斗，总是一副专横跋扈的模样，拿着石头和土块到处丢。

大金则算得上"王位觊觎者",它身上的伤疤证明它已身经百战。

卢瑟和大金都威胁着戴维的统治地位。戴维不能放松警惕,必须时刻提醒和约束它们,让它们清楚谁才是老大。

341

族群首领通常会有盟友相助，以巩固统治，坐稳王位。

过去，戴维依靠兄弟马马杜来保护自己，但马马杜已经失踪几个月了，这让戴维成了孤家寡人。

此时，再找一位盟友才是明智之举，于是戴维向克洛寻求支持。克洛年纪大了，已经没有了自已当首领的念头，但它坚强又睿智，只要它愿意，它将会是戴维的得力副手。

　　黑猩猩会通过互相梳理毛发的方式来增进感情，建立联盟，这是黑猩猩之间真正意义上的"互帮互助"。

　　戴维很聪明，想到了利用这一点来达成自己的目的。戴维给克洛梳理毛发，将克洛争取到自己这一边并赢得它的忠心。它们的合作能否成功？时间会给出答案。

旱季的气温可以飙升到 40 摄氏度以上。大地干涸，火灾频发。

黑猩猩们对此颇有经验。它们看到烟雾后，就知道如何行动才能保证安全，不被大火波及。

然而，族群的领地有四分之三都被火烧成了焦土，黑猩猩们的家园被毁了大半，食物也随之失去。

扫码看视频

随着气温不断攀升，寻找水源成了黑猩猩们的大难题，族群中的冲突也因此愈演愈烈。

除此之外，大金还显露出了自己夺权的野心，它袭击了一只年长的雌性黑猩猩，意在借此激怒戴维。

扫码看视频

对此,克洛首先代表戴维出面干预。随后,戴维毫不含糊地表明了自己的态度——对寻衅滋事者,它绝不忍让。

戴维再一次向整个族群展示了它的权威。

　　族群中的一些雌性黑猩猩已经做好了繁殖的准备，并将尝试与雄性黑猩猩交配。戴维必须控制住它的族群，以确保自己才是唯一一个与雌性黑猩猩们交配的雄性黑猩猩。

　　然而卢瑟和其他一些雄性黑猩猩并不甘心。戴维先发制人，但它的对手们联合起来，戴维和克洛寡不敌众。战况一片混乱，戴维落了下风。

　　年轻的雄性黑猩猩们在夜间袭击了戴维。天亮后，戴维的伤
势一目了然。

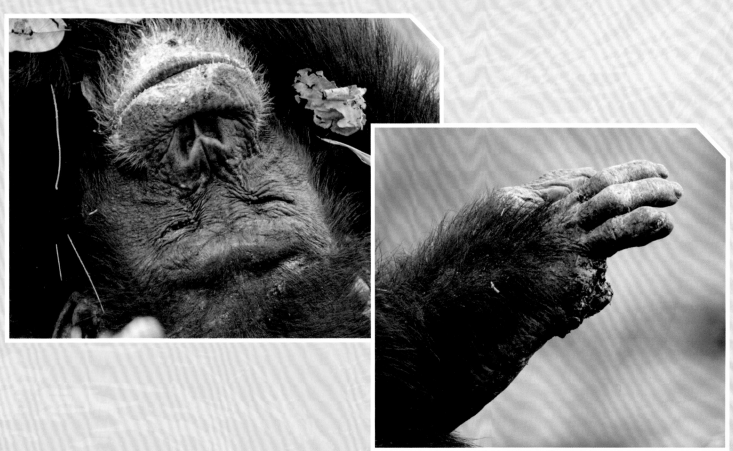

扫码看视频

　　一些雌性黑猩猩过来看望戴维。它们帮戴维处理伤口，尽自己所能照顾它。可它们无法一直陪伴它，这些雌性黑猩猩和它们的幼崽必须跟随族群一起前行，继续寻找水源。

就连克洛也不得不抛下戴维，去往最近的水潭。

戴维不在族群中，卢瑟趁机夺取了统治权。它耀武扬威，扔石头，砸土块，试图让大家都害怕它。

扫 码 看 视 频

黑猩猩们通过展示自己的力量来威慑同类。它们会直立身体，摇晃树木，还会追逐等级较低的同类。卢瑟如果想要成功当上首领，就必须长时间保持这种状态。

353

与此同时，戴维不得不强撑着身体，跟在黑猩猩群后面。如果离开得太久，黑猩猩群就再也不会接受它了。

当戴维重新露面时，它不能让族群里的其他黑猩猩看出它有多虚弱，它必须竭力掩饰，做出一副已经痊愈、身强体壮的样子。如果能让其他黑猩猩信以为真，它就有机会再次成为大家公认的首领。

戴维并未痊愈，但它尽力表现出很强壮的样子，仿佛一切尽在掌控。

扫码看视频

雨季终于来了，水源随处可见，食物也再次充足起来。族群的生存压力随之减轻，大家也都可以放松一些了。更重要的是，戴维能吃到很多水果、树叶和蚂蚁，它的身体便慢慢恢复了。

扫码看视频

在食物充足的这段时期，用不了多久就又会有雌性黑猩猩准备好交配了。戴维必须继续掌控全局，以确保自己占得先机。

戴维需要更多的盟友，仅有克洛站在它这一边还不足以支持它投入下一场战斗。

戴维花了几个星期的时间，给几只比较年长的黑猩猩梳理毛发，赢得了它们的支持。这些黑猩猩都是经验丰富的斗士，而且对王位并无兴趣，简直是完美的盟友！

戴维重新确立了自己的统治地位，它可以随心所欲地和任何一只处于繁殖期的雌性黑猩猩交配。

戴维身边的盟友遍及整个黑猩猩群，它的对手们也没有一个敢来挑战了。

戴维作为首领，要尽可能多地繁衍后代，这是它的责任，也是它的特权。

戴维的族群有些特别。黑猩猩群里的雌性通常比雄性多，而戴维的族群里雌性只有7只，雄性有12只，这导致了交配权上的激烈竞争。首领为了阻止其他雄性交配而不断战斗。如果戴维能保住自己的统治地位，它的某个雄性后代就很可能会成为未来的领袖。

九个月后，戴维的儿子出生了。谁知道这个小家伙会不会在未来的某一天成为族群首领呢？

就目前来看，戴维的成就令人钦佩。它是这个族群有史以来在位时间最长的首领。不仅如此，与族群中的其他任何成员相比，戴维的子嗣数量都要多出至少一倍。

总会有对手伺机而动，但无论如何，戴维的王朝都将后继有人。

企鹅小游戏

现在你对帝企鹅了解了多少呢？运用所学，试着做一做这些有趣的小游戏和测试吧。除此之外，你还能学会画一只帝企鹅！

藏在企鹅群里的猫

有一只顽皮的猫藏在了企鹅群里，你能发现它吗？

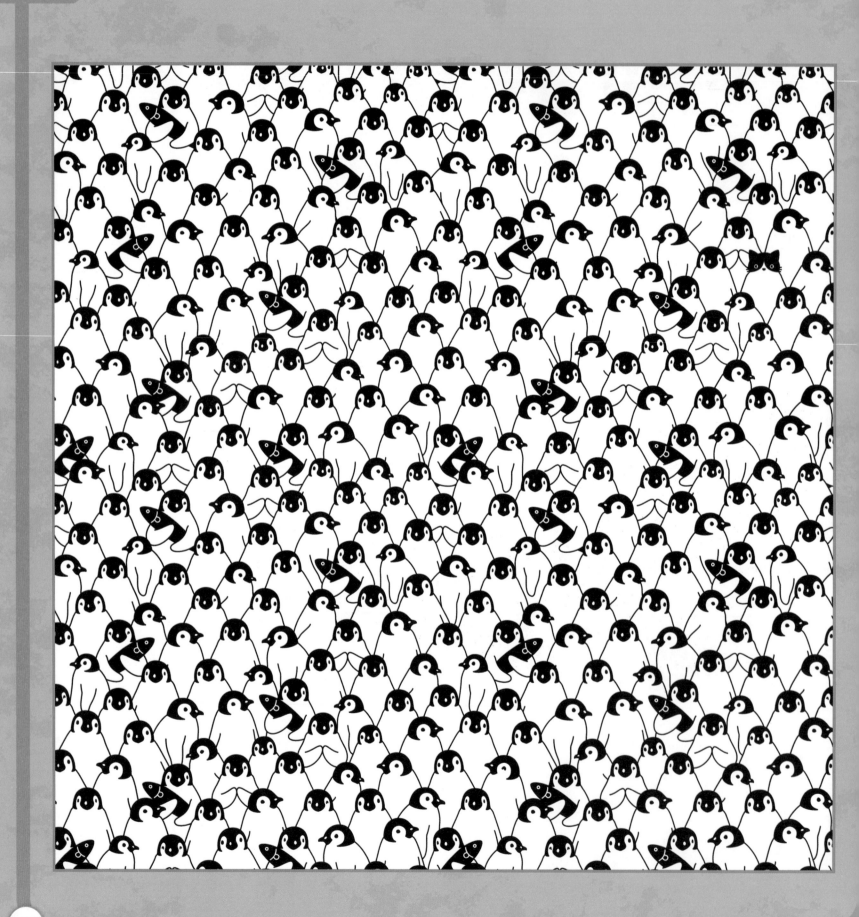

对还是错?

下面这些有关企鹅的描述有些是正确的, 有些是错误的。你能做出判断吗?

1 企鹅在海冰上捕鱼。

2 雄性帝企鹅会发出喇叭声来吸引配偶。

3 王企鹅比帝企鹅高。

4 有些企鹅生活在北极。

5 雌性帝企鹅一年只产一个蛋。

6 成年和幼年企鹅在繁殖季节结束时换羽。

7 企鹅没有膝盖。

8 南极磷虾不足一粒大米大。

9 由于寒冷, 南极地区的动物通常比世界其他地区的动物要小。

10 帝企鹅大多是站着睡觉的。

变变变

第一幅企鹅图中有七个方块在第二幅图中发生了变化。你能在 30 秒内把它们都找出来吗?

算一算

你能算出下面几道数学题的答案吗？

1

帝企鹅的潜水深度纪录是 565 米，南象海豹达到了 1 620 米，而抹香鲸则是 2 000 米。南象海豹和抹香鲸下潜的深度纪录分别比帝企鹅深多少米？

2

科学家观察了几只帝企鹅，记录到帝企鹅 A 潜水三次，每次时长 10 分钟，共休息了 15 分钟；帝企鹅 B 潜水四次，时长分别为 8 分钟、12 分钟、5 分钟、8 分钟，共休息了 12 分钟。他们观察了帝企鹅 C 同样长的一段时间，记录的潜水时长共计 27 分钟，那么帝企鹅 C 休息了多长时间？

3

企鹅群 1 号、2 号、3 号、4 号各自的繁殖地距离海洋分别为 55 千米、130 千米、85 千米和 50 千米。这四个企鹅群从海边走到各自的繁殖地平均要走多少千米？

4

一只帝企鹅以每小时 10 千米的最快速度游了 2 千米，然后它以最快时速一半的速度游了两倍的距离。它游完 6 千米用了多长时间？

5

科学家整理了三种企鹅一整年的迁徙距离记录：

麦哲伦企鹅 1 800 千米；

黄眉企鹅 6 600 千米；

帽带企鹅 3 300 千米。

第二年，麦哲伦企鹅只用八个月就完成了相同距离的迁徙。

比较第二年的麦哲伦企鹅和第一年的帽带企鹅，谁平均每个月走的距离更远？

你来画！

学习用几个简单的步骤画帝企鹅。当你学会之后，可以尝试用类似的方法画其他不同种类的企鹅。

画出帝企鹅的头和身体。

加上脚、尾巴和翅膀，最后给你的帝企鹅涂上颜色。

找呀找呀找宝宝

下面有各种企鹅和它们的雏鸟。根据线索为每种企鹅找到自己的雏鸟。

还剩下哪只雏鸟落单了?

1 小蓝企鹅的雏鸟是最小的。

2 马可罗尼企鹅的雏鸟体色呈棕色和白色。

3 王企鹅的雏鸟很大,长着棕色的绒毛。

4 阿德利企鹅的雏鸟有棕色绒毛,体形较小。

5 帽带企鹅的雏鸟有灰色的绒毛,腹部是白色的。

6 帝企鹅的雏鸟身体是灰色的,头部黑白相间。

A

B

C

D

E

F

G

向后转！

仔细观察图片，看看哪只企鹅面朝着和大家相反的方向。

救命！

这只雏鸟和"托儿所"里的其他雏鸟走散了。请帮助它找到回去的路吧。

迷路了！

以下哪些动物既不属于南极地区，
也不属于有很多企鹅的寒冷岛屿？

北极熊

帝企鹅

独角鲸

座头鲸

北极狐

豹形海豹

王企鹅

白虎

虎鲸

科考站

三位科学家正在南极洲进行研究。请判断他们分别来自哪里，以及他们各自的身份是什么。

瑞克来自北半球。

斯泰西不是动物学家。

生化学家来自中国。

来自英国的科学家是一名地质学家。

斯泰西并非来自中国。

	智利	英国	中国
瑞克			
斯泰西			
罗蒂			

	生化学家	动物学家	地质学家
瑞克			
斯泰西			
罗蒂			

剪影

将每种企鹅与正确的剪影相匹配。

北跳岩企鹅

巴布亚企鹅

洪堡企鹅

小蓝企鹅

帝企鹅

A B C D E

马可罗尼企鹅

王企鹅

帽带企鹅

阿德利企鹅

斑嘴环企鹅

F G H I J

黑与白

下面这些黑白相间的动物，你认识几种？

折一只纸企鹅

按照以下步骤制作折纸企鹅，做出不同大小的企鹅一家三口。

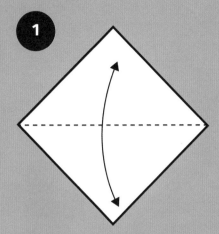

1 先将一张正方形的纸沿对角线对折，然后展开。

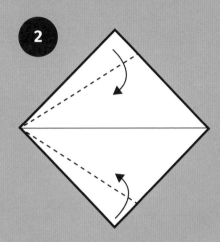

2 将两个角向中间折叠，不要碰到中间的折痕。

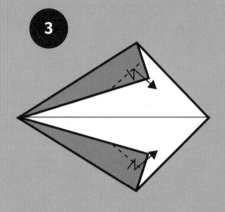

3 将两个角向后折，折出企鹅的翅膀尖端。

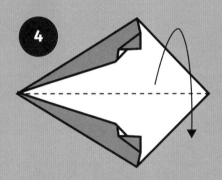

4 沿着中间的折痕向后折叠。

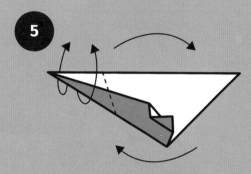

5 旋转 45 度。折叠顶部的角，折出企鹅的头部。

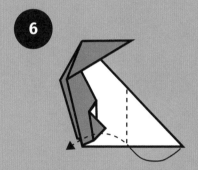

6 将底部的角向内折，隐藏在身体里。

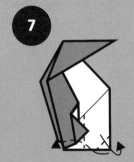

7 再将这个角翻转出来，露出企鹅的脚。

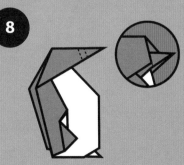

8 折叠头部的角，折出企鹅的喙。粘上眼睛，纸企鹅就折完了。

雏鸟大搜索

观察大图中的雏鸟，和小图一一对应。哪只雏鸟不见了？

企鹅知识小测验

来测试一下你掌握了多少有关企鹅和南极的知识吧！

1
哪个选项不是企鹅的一种？
A. 王企鹅
B. 女王企鹅
C. 白颊黄眉企鹅

2
为繁殖或喂养后代而进行的季节性旅行叫什么？

3
企鹅梳理毛发时用到的分泌油脂的腺体在身体什么位置？

4
哪种企鹅有时被称为"公驴企鹅"或"南非企鹅"？

5
海豹是在陆地上还是在水里分娩的？

6
企鹅会像海豚一样做"豚跃"吗？

7
哪种企鹅最高、最重？

8
对帝企鹅威胁最大的海豹叫什么？
A. 虎海豹
B. 狮海豹
C. 豹形海豹

9
罕见的黄眼企鹅在野外生活在哪里？

10
帝企鹅没有耳郭，是真是假？

11
帝企鹅是变温动物还是恒温动物？

12

在北半球野外可能发现的是哪一种企鹅?

13

除了鱼,帝企鹅还有哪两种主要食物?

14

最小的企鹅是哪种?

15

须鲸的头顶上有多少个气孔?

16

人类会用磷虾做什么?

17

为什么帝企鹅会打喷嚏和摇头?

18

以下哪种动物是顶级捕食者?
A. 虎鲸
B. 阿德利企鹅
C. 罗斯海豹

19

成年帝企鹅有几层羽毛?

20

澳大利亚和南极冰盖哪个面积更大?

答案

算一算

1. 1 055 米，1 435 米

2. 帝企鹅 C 休息了 18 分钟。

3. 80 千米

4. 1 小时

5. 第一年的帽带企鹅平均每个月比第二年麦哲伦企鹅的行程走的距离更远。

第 368 页
藏在企鹅群里的猫

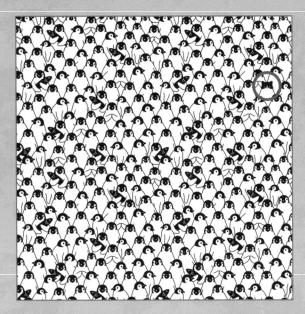

第 373 页
找呀找呀找宝宝

1. F

2. D

3. A

4. B

5. G

6. C

落单的雏鸟是一只白颊黄眉企鹅（E）。
它的父母长这样：

第 369 页
对还是错？

1. 错误

2. 正确

3. 错误

4. 错误

5. 正确

6. 正确

7. 错误

8. 错误

9. 错误

10. 正确

第 370 页
变变变

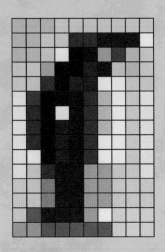

第 374 页
向后转！

第 375 页
救命!

第 376 页
迷路了!
北极熊、北极狐、独角鲸、白虎

第 377 页
科考站

	智利	英国	中国
瑞克			✓
斯泰西		✓	
罗蒂	✓		

	生化学家	动物学家	地质学家
瑞克	✓		
斯泰西			✓
罗蒂		✓	

第 378 ~ 379 页
剪影
A. 巴布亚企鹅
B. 斑嘴环企鹅
C. 马可罗尼企鹅
D. 王企鹅
E. 帽带企鹅
F. 帝企鹅
G. 北跳岩企鹅
H. 小蓝企鹅
I. 洪堡企鹅
J. 阿德利企鹅

第 380 页
黑与白
A. 斑马
B. 虎鲸
C. 阿德利企鹅
D. 环尾狐猴
E. 马来貘
F. 獾
G. 臭鼬
H. 大熊猫

第 382 ~ 383 页
雏鸟大搜索

第 384 ~ 385 页
企鹅知识小测验

1. B
2. 迁徙
3. 尾羽
4. 斑嘴环企鹅
5. 在陆地上
6. 会
7. 帝企鹅
8. C
9. 新西兰
10. 真
11. 恒温动物
12. 加岛环企鹅
13. 枪乌贼、磷虾
14. 小蓝企鹅,又名神仙企鹅、小企鹅。
15. 两个
16. 动物饲料或营养补充剂。
17. 为了去除多余的盐分。
18. A
19. 两层
20. 南极冰盖,面积大约是澳大利亚的两倍。

老虎小游戏

现在你已经了解了不少关于老虎的知识。运用所学，试着做一做这些有趣的小游戏和测试吧。除此之外，你还能学会画一只老虎！

对还是错？

下面这些有关老虎的描述有些是正确的，有些是错误的。请逐一判断，看看你能答对多少。

1 东北虎是最常见的老虎亚种。

2 虎妈妈会用牙齿叼住它的孩子。

3 白虎的眼睛是蓝色的。

4 老虎会尽可能地避开水。

5 孔雀有时候会成为老虎的猎物。

6 如果一只老虎卷起嘴唇并抬起头，那么它是在"品尝"空气中的气味。

7 老虎至少需要一周的时间来消化食物。

8 老虎在野外的寿命超过 20 年。

9 在英文中，一群老虎用"a streak"或者"an ambush"来表示。

10 刃齿虎大约生活在 5 000 年前。

旅行

卡尔森、米勒和佩雷斯几家正在一个老虎自然保护区参观游览，观赏那里的野生动物。每家只观赏了一种动物。根据以下线索，判断他们都观赏了什么动物，以及谁是他们的向导。

佩雷斯一家没有看到懒熊。

米勒一家的向导叫贾加特。

向导穆克什带着它负责的家庭观赏了大象。

阿朱没有看到老虎。

阿朱不是佩雷斯一家的向导。

	卡尔森	米勒	佩雷斯
大象			
懒熊			
老虎			

	卡尔森	米勒	佩雷斯
贾加特			
穆克什			
阿朱			

找不同

老虎身上的花纹是条纹而不是斑点。你能找出这两幅图之间的七个不同之处吗?

时间排序

仔细观察这些老虎捕猎的照片。按照捕猎行动的先后,对下面的图片进行排序。

野生动物

下面这些动物身上都有条纹。你能将左侧的动物名称和右侧的图片一一对应起来吗?

斑马
蝴蝶
小丑鱼
胡蜂
珊瑚蛇
獾㹢狓 (huò jiā pí)
环尾狐猴
紫羚
非洲獴
条纹鬣狗
臭鼬
金花鼠

彩蛋: 如果你认为哪种动物和老虎一样依靠身上的条纹进行伪装,请在图的旁边打勾。

食"误"网

这张食物网上，有三种动物所处的位置是错误的，你能一一找出来吗?

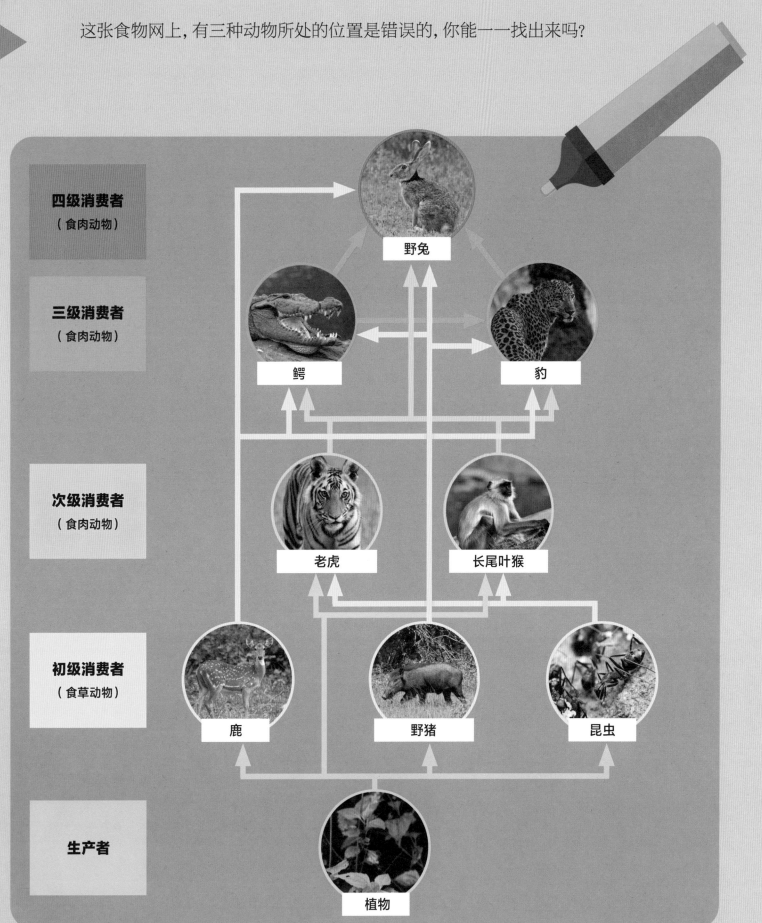

四级消费者
（食肉动物）

三级消费者
（食肉动物）

次级消费者
（食肉动物）

初级消费者
（食草动物）

生产者

野兔

鳄

豹

老虎

长尾叶猴

鹿

野猪

昆虫

植物

捕捉镜头

节目组的隐藏相机拍到了一些生活在印度的动物,你能认出它们吗?

A
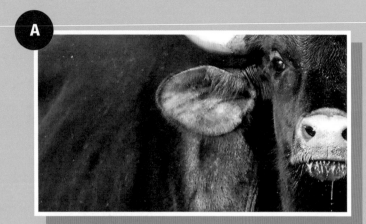

C

D
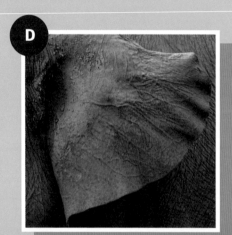

E

F

G
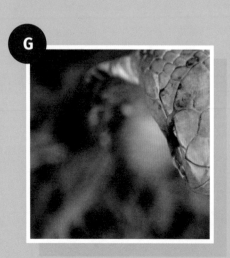

H

阅读填空

老虎是威武雄壮的动物，你还能想到哪些词语来描述它们？在空格处填入合适的词语。

老虎 _____ 地在草丛中潜行。

虎妈妈 _____ 地摇了摇尾巴。

老虎幼崽拥有一身 _____ 的皮毛。

听老虎那 _____ 的咆哮声。

有时，一只 _____ 的老虎会躲藏起来。

老虎 _____ 地从灌木丛中跳了出来。

_____ 的老虎在水塘喝水。

天气太 _____ 了，老虎躺在一个水潭中。

老虎连连看

仔细阅读下面每条的描述，与相对应的老虎亚种连线。

1 野外数量可能不到 400 只。

2 惬意地生活在冰天雪地中。

3 所有老虎亚种中最常见的。

4 如今只能在动物园中看到。

5 体形比较小，生活在热带森林中。

6 生活在山地环境，身上的条纹比孟加拉虎更短、更细。

孟加拉虎

马来虎

华南虎

东北虎

印支虎

苏门答腊虎

完成拼图

请完成这张刃齿虎的拼图，最下面四块拼图中哪一块是多出来的？

A   B   C   D

猫科动物对对碰

这些花纹分别属于哪种猫科动物？请根据描述进行配对。

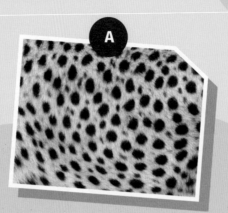

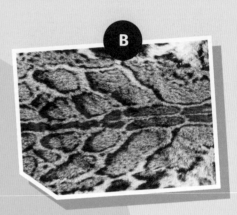

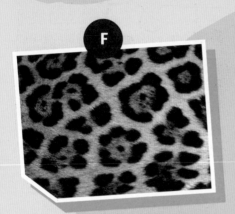

老虎
橙黄色的皮毛上有黑色或棕色的条纹。

豹
金色的皮毛上有深色花瓣状斑纹。

猎豹
淡金色的皮毛上有实心的深棕色斑点。

雪豹
灰白色的皮毛上有黑色的斑纹。

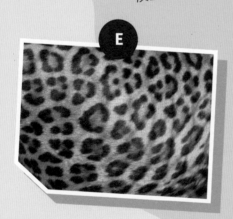

云豹
有黑色轮廓的大块深色斑纹。

美洲豹
有较大的花瓣状斑纹，中心有一个点。

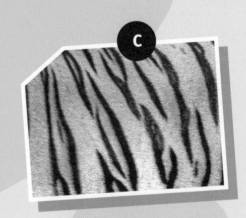

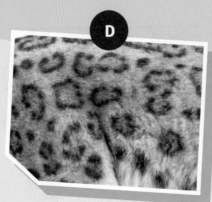

老虎需要森林！

如今，老虎所面临的主要的威胁之一是丧失栖息地。由于人类活动，老虎的捕猎区域正在缩小或碎片化。很多森林既是老虎赖以生存的家园，也是老虎的猎物的家园，但这些森林正在遭受砍伐。

这些森林遭到砍伐的很大一部分原因是人们为了造纸而获取木材，或者是为了开垦油棕种植园而获取空间。油棕树上的棕榈果榨出的油叫作棕榈油。许多日常生活中常见的物品比如口红、洗发水等日用品，以及冰激凌、饼干、比萨饼底等食品，其制造过程中都要用到棕榈油。世界各地的自然保护机构正致力于让相关生产企业以可持续的方式种植油棕，这样就可以保护多种野生动物的栖息地。

我们可以做什么？

查看你喜爱的食品的成分。在超市销售的带包装的食品中，大约有一半都含有棕榈油。棕榈油可能以各种不同的名称，比如棕榈酸酯、硬脂酸、十二烷基硫酸钠、棕榈仁油，出现在配料表中，我们可以看一看购买的产品是否包含这些成分。

我们可以尽量少购买这些产品。你可以在网上查一查，寻找替代品。

风景如画

杰姆要买一张老虎的明信片寄给它最好的朋友。他选择的是以下哪张明信片？请根据线索找出答案。

他寄出的明信片上没有老虎幼崽。

明信片上的老虎不是趴着的。

明信片上的老虎生活在一个气候炎热的国家。

明信片上的老虎没有待在水里。

野生动物的分布

下列动物中, 你知道哪些生活在印度吗? 其他动物又分别生活在哪里呢?

亚洲象

猎豹

印度水牛

袋鼠

眼镜蛇

巨嘴鸟

树懒

豹

懒熊

找一找！

仔细观察这幅大图，找出下面每个正方形小图在大图中的位置。

你来画！

想画出一只可爱的老虎吗? 按照下面的步骤, 你也可以画一幅!

画出老虎头部和身体的基本轮廓。

在老虎的轮廓上画出毛茸茸的边缘, 并画出眼睛和嘴的细节。

将橙色的部分涂上颜色, 然后用黑色的马克笔在老虎身上画出条纹和细节。

老虎知识小测验

看一看你掌握了多少有关老虎的知识吧! 答案都在书中(也可以直接查看第 409 页的答案)。

1

雌虎是如何携带幼崽的?

2

哪个老虎亚种被认为已经在野外灭绝了?

3

老虎身体的哪个部位有反光膜?

A. 脚

B. 胡须

C. 眼睛

D. 嘴

4

不接触地面也不会缩回去的脚趾叫什么?

5

老虎是恒温动物还是变温动物?

6

老虎不具有哪种味觉? 甜? 酸? 还是咸?

7

刃齿虎的学名 *Smilodon* 是什么意思?

8

一只老虎全身的骨骼包含多少块骨头?

A. 超过 100 块

B. 超过 150 块

C. 超过 200 块

9

老虎什么时候发出咕噜声?

A. 做气味标记时

B. 雌虎和幼崽互动的时候

C. 准备好交配的时候

D. 雄性嗅闻雌性气味的时候

10

老虎有几种不同类型的牙齿?

拯救老虎

如果你非常喜爱老虎，想让更多人了解老虎所面临的危机，那么你可以画一张海报进行宣传。

2

写出主题文字的草稿，并数一数每行的字数，确定每一行中间的字。

1

确定海报的主题。是否需要在下面加一句说明来提供更多信息?

3

在海报的正中间用可被擦掉字迹的笔画一条淡淡的竖线作为参考线。然后用彩色的粗笔整齐地把你想要写的文字写上，用参考线来确保每行中间的那个字或者中间两个字之间的间隔位于海报中线上。

停止偷猎！

老虎是
濒危动物！

4

按照第189页的步骤练习画一只老虎，然后将它画在海报上。你也可以裁剪一张老虎的照片，把它贴在海报上。

5

用黑色的笔勾勒文字的轮廓，并给文字的内部涂上橙色。

答案

第 394 页
野生动物

第 390 页
对还是错？

1. 错误，孟加拉虎是最常见的老虎亚种。
2. 正确
3. 正确
4. 错误，老虎很乐意到水中去降温乘凉或者捕猎。
5. 正确
6. 正确
7. 错误，老虎消化食物的速度很快。
8. 错误，老虎在野外的寿命不到 20 年。
9. 正确
10. 错误，刃齿虎在大约 10 000 年前就灭绝了。

第 391 页
旅行

	卡尔森	米勒	佩雷斯
大象			✓
懒熊	✓		
老虎		✓	

	卡尔森	米勒	佩雷斯
贾加特		✓	
穆克什			✓
阿朱	✓		

第 392 页
找不同

第 393 页
时间排序
正确的顺序是 B C G A F D H E

科学家认为**斑马**的条纹可能有利于降温或者防止蚊虫叮咬。

√
金花鼠身上的条纹可能会帮助自己躲避猛禽等捕食者。

√
紫羚利用条纹在树丛中伪装自己。

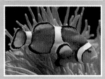
科学家认为，**小丑鱼**身上生有条纹可能是为了便于识别同类。

√
条纹鬣狗身上的条纹有利于它们和所处的环境融为一体。

蝴蝶利用条纹来警告捕食者远离自己。

环尾狐猴将尾巴高高竖起，以便让同伴们在森林中看到它。

√
獾㹢狓利用身上的条纹在树丛中伪装自己。

胡蜂利用条纹作为对其他动物的警告，而不是伪装。

√
非洲獴的条纹用于伪装。

408

臭鼬的条纹直接指向它的防御武器——能够喷射恶臭液体的腺体（在尾巴旁）。

珊瑚蛇的条纹用来警告其他动物它是有剧毒的。

第 395 页
食"误"网
野兔、老虎和野猪的位置是错误的。

第 396 页
捕捉镜头

A. 印度野牛

B. 长尾叶猴

C. 野猪

D. 亚洲象

E. 亚洲胡狼

F. 孔雀

G. 眼镜蛇

H. 冠豪猪

第 398 页
老虎连连看
1. 苏门答腊虎
2. 东北虎
3. 孟加拉虎
4. 华南虎
5. 马来虎
6. 印支虎

第 399 页
完成拼图
C

第 400 页
猫科动物对对碰
A = 猎豹
B = 云豹
C = 老虎
D = 雪豹
E = 豹
F = 美洲豹

第 402 页
风景如画
F

第 403 页
野生动物的分布
生活在印度的野生动物有：亚洲象、豹、懒熊、印度水牛、眼镜蛇。

印度曾经也有猎豹，但在 20 世纪猎豹在印度灭绝了。如今猎豹主要分布在非洲，以及亚洲的伊朗等地。

树懒和巨嘴鸟生活在南美洲。袋鼠生活在澳大利亚。

第 404 页
找一找！

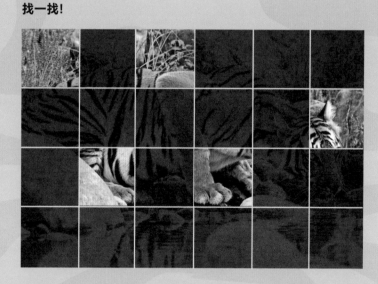

第 406 页
老虎知识小测验
1. 用嘴咬住它们的后颈部，然后叼起来。
2. 华南虎
3. C. 眼睛
4. 悬趾
5. 恒温动物
6. 甜味
7. 刀一般的牙齿
8. C. 超过 200 块
9. B. 雌虎和幼崽互动的时候
10. 三种（门齿、犬齿、裂齿）

狮子小游戏

现在你对狮子了解了多少呢? 运用所学, 试着做一做后面这些有趣的小游戏吧。你还能学会如何画一头狮子!

大型猫科动物家族

根据描述将每种野生猫科
动物与正确的图片配对。

1. 猎豹的眼睛下方有明显的"泪痕"。

2. 狮子很容易通过鬃毛和浅金色的毛皮来辨认。

3. 云豹有大块的深色轮廓斑纹。

4. 老虎有漂亮的条纹毛皮。

5. 美洲豹的斑纹中心有一个或多个点。

6. 雪豹的毛皮比其他大型猫科动物更显得灰白。

藏身之处

帮助雌狮穿过迷宫, 到达
幼崽的藏身之处。

起点

终点

食"误"网

这张食物网上，有四种生物所处的位置是错误的，你能一一找出来吗?

三级消费者
（食肉动物）

狮子   角马   非洲野犬

次级消费者
（杂食动物）

植物

格氏羚   斑马

初级消费者
（食草动物）

黑斑羚   斑鬣狗

生产者

疣猪

414

一气呵成

这幅巧妙的画仅用一笔就画成了，你也来试着模仿一下吧！

从这里开始

雌雄有别

仅凭外貌就可以轻松地分辨雄狮和雌狮，它们是典型的雌雄两态。下面这些也是雌雄差异明显的动物，请将每种动物的名称与正确的图片配对。

1. 孔雀
2. 马鹿
3. 山魈
4. 象海豹
5. 鸡
6. 鸳鸯

对还是错？

下面这些描述有些是正确的，有些是错误的。如果不能确定，可以回顾一下书中的知识。

1. 玛莎狮群生活在博茨瓦纳。

2. 狮子的学名是 *Panthera simba*。

3. 猎豹不会吼叫。

4. 亚洲狮只生活在印度的吉尔森林国家公园。

5. 卡拉哈里狮的鬃毛颜色很浅。

6. 狮子有两个亚种。

7. 狮子在白天和夜间都会捕猎。

8. 狮子必须提防水中的鳄。

9. 大羚羊是一种体形很大的羚羊。

10. 小狮子会像宠物猫一样喵喵叫。

草原风景变变变

运用你敏锐的洞察力，找出这两张图片的八处不同。

纸狮子

按照以下步骤，自己折一只小狮子吧！

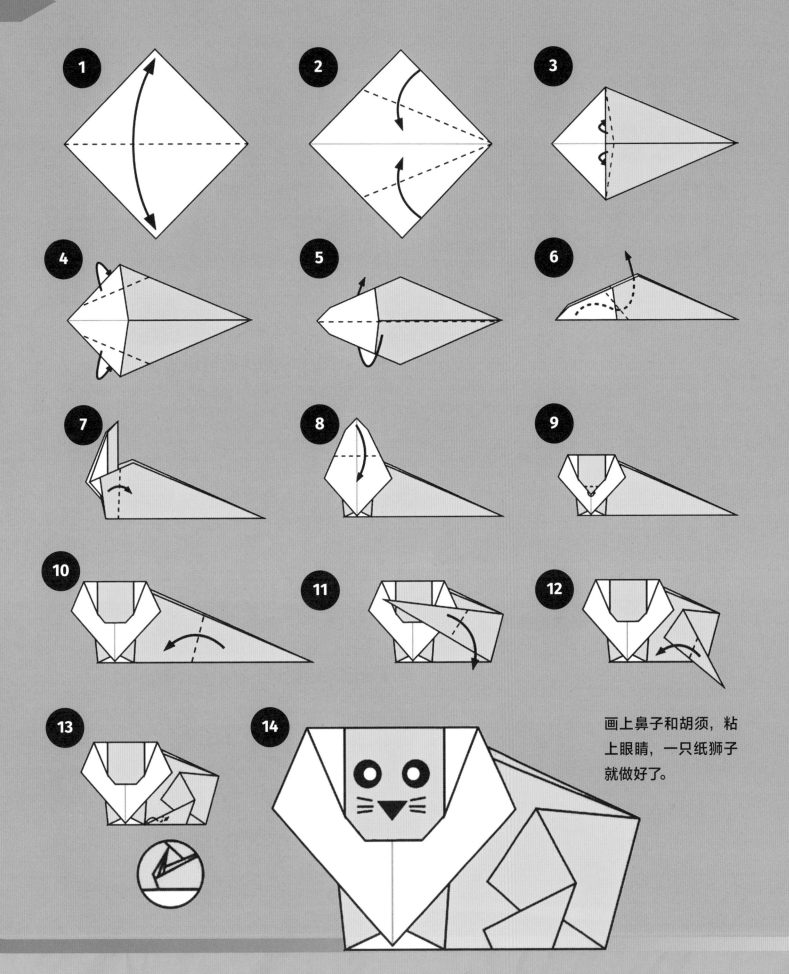

画上鼻子和胡须，粘上眼睛，一只纸狮子就做好了。

宣传海报

克丽奥要制作一张海报，告诉人们狮子正在受到威胁。她选择了下面哪张图片放在海报上呢？

克丽奥希望海报上的狮子有两头以上。

海报上要有小狮子。

她排除了有水的图片。

她最后选择的图片上没有躺着的狮子。

捕捉镜头

你能辨认出摄制组的隐藏摄像机抓拍到的这些动物吗?

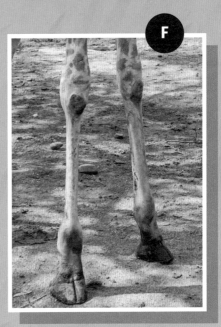

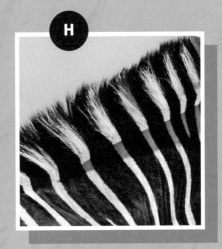

鬃毛秀

雄狮会向其他狮子炫耀自己的鬃毛。哪一幅剪影与中间这头狮子相匹配?

树荫下

在一天中最热的时候，狮子喜欢在树荫下睡觉。根据以下提示，判断网格中哪些位置有树。

- 一共有八棵树。
- 每行有两棵树。
- 每一列有两棵树。
- 每条对角线上有两棵树。

色彩缤纷

第二幅图中有四处颜色与第一幅图不同, 你能找出来吗?

你来画！

能画出属于自己的狮子，是不是很棒？按照下面的步骤试一试吧。

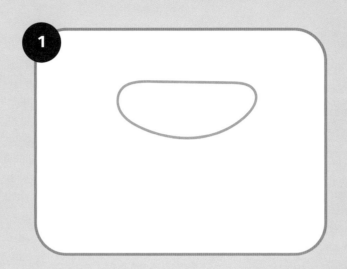
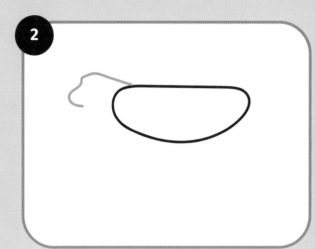

先画出狮子的身体以及头顶。

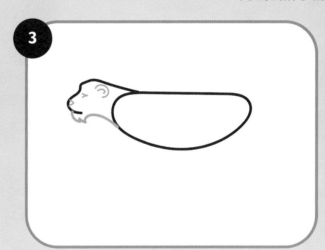

然后画出眼睛、耳朵、鼻子和下巴，再画出四条腿。

加上鬃毛和尾巴。在给狮子涂色之前，记得擦掉多余的线条。

狮子知识小测验

你对狮子、它们的近缘种，以及它们的生活地点和生活方式了解多少？通过这些问题来测试一下吧。

1 哪种面部特征常被用来识别狮子个体？

2 马赛马拉在哪个国家？

3 非洲体形最大的食肉动物是什么？

4 为什么狮子的眼睛下方有白色的斑纹？

5 说出三种身上有斑点的大型猫科动物。

6 猎豹擅长爬树。对还是错？

7 狮子的尾巴有什么特点？

8 非洲哪个季节更潮湿，夏天还是冬天？

9 非洲狮和亚洲狮被世界自然保护联盟列为同一保护级别。对还是错？

10 哪些生物处于食物链的起始环节？

11 哪种狮子会终生与家庭成员在一起，雌狮还是雄狮？

12 白狮是什么颜色的？

13 食腐动物吃什么？

14 雌狮的孕期有多长？

15 狮子有像宠物猫一样狭长的瞳孔。对还是错？

16 雄狮多大的时候开始长鬃毛？

17 哪三种生物对狮子构成主要威胁？

18 狮子身体的哪个部位有一层反光膜？

19 犁鼻器在狮子身体的哪个部位？

20 雌狮如何避免猎物察觉到它的气味？

强大的野兽

人们对狮子有各种各样的描述：可怕的、威武的、凶猛的……你还能想到哪些词语来描述它们？在空格处填入合适的词语。

小狮子们 _____ 一起玩耍。

狮子在高高的草丛中 _____ 潜行。

一头 _____ 狮子可能会攻击人类。

狮群中 _____ 雄狮已十岁了。

新生的狮子幼崽既 _____ 又 _____。

因为人们的狩猎和偷猎，狮子 _____。

狮子是世界上 _____ 捕食者之一。

谁是谁？

几位研究人员对一个狮群进行了数星期的研究。他们了解了其中四头狮子的特征，并做了笔记。请根据笔记的线索，判断出每头狮子的特征。

奇库不是三头雌狮中最年长的。

雄狮名叫阿萨尼。

尼亚是其中最勇猛的。

最年轻的雌狮也是速度最快的。

最佳猎手名叫塔比亚，但它的速度不是最快的。

雄狮的吼声最响亮。

尼亚比塔比亚更年长。

	雄狮	最年长的雌狮	年龄居中的雌狮	最年轻的雌狮
阿萨尼				
奇库				
尼亚				
塔比亚				

	最佳猎手	吼声最响亮	速度最快	最勇猛
阿萨尼				
奇库				
尼亚				
塔比亚				

答案

第 412 页
大型猫科动物家族

第 413 页
藏身之处

第 414 页
食"误"网

植物、角马、斑鬣狗和疣猪所在的位置是错误的。

第 416 页
雌雄有别

第 417 页
对还是错?

1. 错误,它们生活在肯尼亚
2. 错误,狮子的学名是 *Panthera leo*
3. 正确
4. 正确
5. 错误,它们长着黑色的鬃毛
6. 错误,现生六亚种
7. 正确(尽管夜间捕猎更常见)
8. 错误,在狮子捕猎的地方有鳄,但不是短吻鳄
9. 正确
10. 正确

第 418 页
草原风景变变变

第 420 页
宣传海报

克丽奥选择了图片 F。

第 421 页
捕捉镜头

A. 耳廓狐
B. 角马
C. 猎豹
D. 疣猪
E. 鬣狗
F. 长颈鹿
G. 黑猩猩
H. 斑马
I. 大猩猩

第 422 页
鬃毛秀

D

第 423 页
树荫下

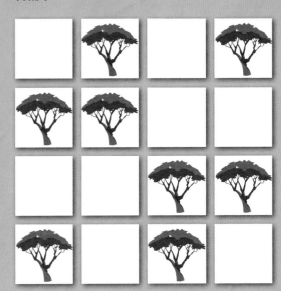

第 424 页
色彩缤纷

第 426 ~ 427 页
狮子知识小测验

1. 胡须斑
2. 肯尼亚
3. 狮子
4. 将光线反射到眼睛里，便于夜间捕猎
5. 如豹、猎豹和美洲豹
6. 错误
7. 尾巴末端有一簇黑色的毛
8. 夏天
9. 错误，非洲狮属于易危级别，而亚洲狮属于濒危级别
10. 生产者，比如植物
11. 雌狮
12. 白色或非常浅的颜色
13. 腐肉（尸体）
14. 大约三个半月
15. 错误
16. 大约两岁
17. 其他狮子、鬣狗和人类
18. 眼睛里
19. 嘴巴里
20. 逆着风接近猎物

第 429 页
谁是谁?

	雄狮	最年长的雌狮	年龄居中的雌狮	最年轻的雌狮
阿萨尼	✓			
奇库				✓
尼亚		✓		
塔比亚			✓	

	最佳猎手	吼声最响亮	速度最快	最勇猛
阿萨尼		✓		
奇库			✓	
尼亚				✓
塔比亚	✓			

非洲野犬小游戏

现在你对非洲野犬了解了多少呢? 用下面这些有趣的小游戏和问答题测试一下吧。除此之外, 你还能学会画一只非洲野犬!

谁的耳朵？

非洲野犬以其圆圆的"米老鼠"耳朵著称。你能从下面的图片中找到非洲野犬的耳朵，并说一说你还看见了哪些非洲动物的耳朵吗？

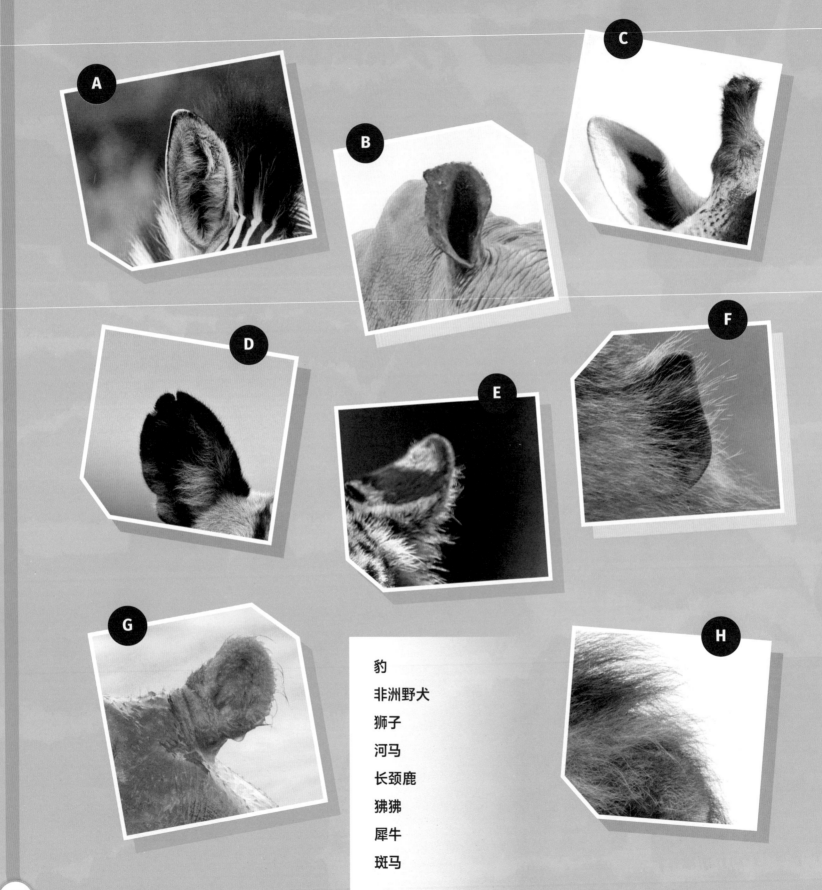

A

B

C

D

E

F

G

豹

非洲野犬

狮子

河马

长颈鹿

狒狒

犀牛

斑马

H

逃生路线

试着找到一条可行的路线，帮助非洲野犬逃脱中央的狮子领地，前往安全地带。路线的尽头是哪个巢穴呢？

对还是错?

下面这些关于非洲野犬的描述有些是正确的,有些是错误的。请逐一判断,看看你能答对多少。

1 非洲野犬生活在非洲东部和南部。

2 与非洲野犬亲缘关系最近的是鬣狗。

3 一群非洲野犬用打喷嚏的方式来决定是否捕猎。

4 非洲野犬会把吞进肚子里的肉吐出来,分给其他非洲野犬吃。

5 非洲野犬的裂齿上有一个额外的齿尖,可以把肉撕裂。

6 非洲野犬的尾尖通常是黑色的。

7 非洲野犬在植物上撒尿以标记它们的领地。

8 非洲野犬的体形与吉娃娃犬相近。

9 在旱季,一些非洲野犬会猎杀长臂猿。

10 非洲野犬每只脚上有四个脚趾。

小心身后!

一只非洲野犬正尾随着这群黑斑羚!

哪只黑斑羚察觉到了身后的危险?

算一算

算一算下面几道数学题的答案吧！

1

黑尖以 24 千米／时的速度跑了 72 千米，那么它跑了多长时间？

2

泰特的族群跑了 1 小时 12 分钟。在前三分之一的时间，它们以 40 千米／时的速度奔跑，之后减速到 25 千米／时。它们一共跑了多远？

3

摄制组花了 600 天拍摄非洲野犬。他们有三辆四轮卡车，平均每天行驶 40 千米，每行驶 12 000 千米就需要换轮胎。他们总共需要多少个轮胎？

4

塔米的族群跑了 4 天，总共跑了 65 千米。第一天跑的距离是第二天的两倍，第三天跑了 15 千米，第四天跑的距离与第一天相同。它们第二天跑了多远？

5

黑斑羚平均体重为 45 千克。如果一个非洲野犬群中有 18 只成年非洲野犬，每只成年非洲野犬每天需要 5 千克食物，那么它们每天需要杀死几只黑斑羚？

彩绘图案

下面两张图中有八个方块颜色不同。你能找出这八个方块吗?

鸟瞰图

这是摄制组的无人机拍摄的一张照片，照片中红色 × 处放置了一台地面摄像机。照片下面的四张示意图，哪一张展示了地面摄像机此刻拍摄的场景？

爱宠还是野犬?

摄制组相册里的这些照片,哪几张是非洲野犬,哪几张是他们家里的宠物狗?

脚印侦探

利用文字线索，将每个动物与它们的脚印配对。

1 鸵鸟每只脚有两个脚趾，一个大，一个小。

A

2 长颈鹿的蹄子分为两瓣。

B

3 犀牛的脚印又大又平，每只脚有三个大大的脚趾。

C

4 非洲野犬每只脚有四个脚趾，且会留下爪痕。

D

5 狮子的四趾脚印没有爪痕。

E

6 大象的脚印几乎是圆形的，每只脚有四个脚趾。

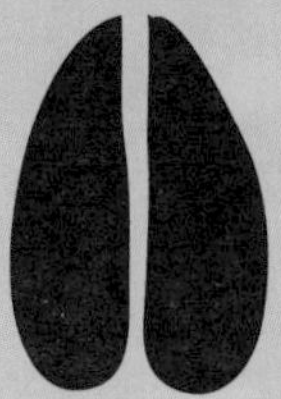

F

实地考察

三位科学家将对非洲野犬群进行实地考察。请根据以下线索，判断三位科学家分别去了哪个国家，以及他们在该国追踪研究的非洲野犬首领叫什么名字。

玛丽亚不去博茨瓦纳。

名叫"纳塔"的首领不在津巴布韦。

尼克在研究"纳塔"。

焦研究的不是"廷比"。

"比卡"的领地在坦桑尼亚。

	津巴布韦	博茨瓦纳	坦桑尼亚
尼克			
玛丽亚			
焦			

	津巴布韦	博茨瓦纳	坦桑尼亚
比卡			
廷比			
纳塔			

拼图

找出下列拼块在拼图中对应的位置。看一看，还少了哪一块?

走出非洲

在非洲可以见到以下哪些动物?

角马

鸭嘴兽

灰熊

猎豹

耳廓狐

胡狼

狐獴

羊驼

白头海雕

你来画！

不是每个人都知道非洲野犬长什么样。学着画一只，然后向你的朋友展示吧。

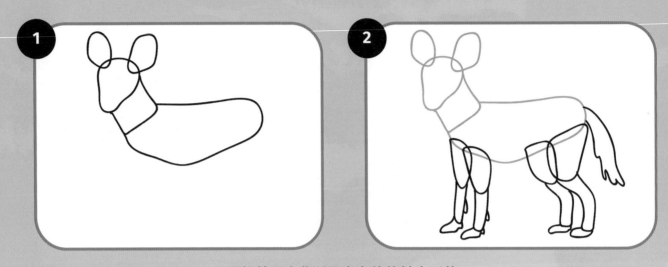

用铅笔画出非洲野犬身体的基本形状。

用记号笔为它添加眼睛、嘴巴等细节，然后描出轮廓。

接下来在它的身体上随意画一些斑块，涂上棕色和橙色，你的非洲野犬就画好了。

犬科家族

根据描述，判断每张图片分别对应犬科家族的哪个成员。

1. 薮犬体形较小，有深褐色的短腿。

2. 貉的眼睛周围有黑色的斑纹。

3. 北极狐的皮毛在夏季是灰黑色的，但在冬天会变成白色。

4. 赤狐的胸部是白色的，背部毛发即使在冬天也会保持红色。

5. 豺背部的毛发是红棕色的，尾巴是黑色的。

6. 灰狼的毛发是灰色的，尾尖是黑色的。

小测验

你对非洲野犬以及与它们共享领地的动物有多少了解?用这些问题测试一下吧。

1 以下哪个国家没有野生非洲野犬?
A. 纳米比亚
B. 马达加斯加
C. 莫桑比克

2 非洲野犬、狗和胡狼属于什么科动物?

3 什么类型的羚羊在非洲野犬的食物中占最大比例?

4 非洲野犬在世界自然保护联盟《受胁物种红色名录》中属于什么等级,易危还是濒危?

5 非洲野犬一年繁殖几次?

6 对非洲野犬构成威胁的、世界上体形第二大的鳄是什么种类?

7 非洲野犬每只脚有几个脚趾?

8 非洲野犬为什么要尽快吃掉猎物或者吞下肉带回巢穴?

9 狮子十次捕猎中大约有两三次能成功。非洲野犬的捕猎成功率有多高?

10 犬科动物中哪种动物体形最大?

11 非洲野犬的耳朵与人类的耳朵相比,能做哪些人类做不了的动作?

12 非洲野犬群用什么方式来投票?
A. 打喷嚏
B. 咳嗽
C. 吠叫

13 非洲野犬常用什么动物的巢穴来藏匿幼崽?

14 羚羊是单眼视觉还是双眼视觉?

15 刚出生的非洲野犬幼崽以什么为食?

16 "晨昏活动"发生在一天中的什么时候?

17 非洲野犬拥有哪一项吉尼斯世界纪录?

18 非洲野犬群中谁先进食,是首领还是幼崽?

19 超级食肉动物的食物中肉类占多少?

20 许多条食物链交织在一起组成什么?

海报谜题

山姆想买一张海报贴在他卧室的墙上，根据下面的线索推测他选择了哪张海报。

非洲野犬不在水中。

画面中没有夕阳。

画面中有不止一只非洲野犬。

画面中有一棵树的树干。

被包围了！

根据提示找出狮子的位置。

示例：

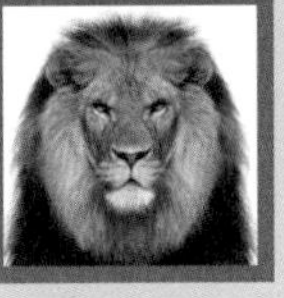

任何一个空方格中都可能有狮子，有数字的方格中没有狮子。数字表示相邻的方格（左边、右边、上面、下面或对角线上）中狮子的数量。

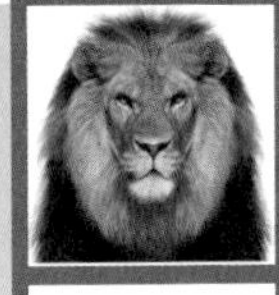

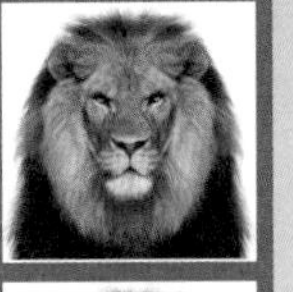

现在请你找出下面两张图中狮子的位置吧。

A

1	1	2	1
		2	
2	3		2
	2		

B

1			
2	3	3	
		2	1

答案

第 434 页

谁的耳朵?

A. 斑马

B. 犀牛

C. 长颈鹿

D. 非洲野犬

E. 豹

F. 狒狒

G. 河马

H. 狮子

第 435 页

逃生路线

第 438 页

算一算

1. 3 小时

2. 36 千米

3. 24 个轮胎

4. 10 千米

5. 2 只

第 439 页

彩绘图案

第 436 页

对还是错?

1. 正确

2. 错误

3. 正确

4. 正确

5. 正确

6. 错误

7. 正确

8. 错误

9. 错误

10. 正确

第 440 页

鸟瞰图

图片 C。

第 441 页

爱宠还是野犬?

BCDE 是宠物狗。

AFGH 是非洲野犬。

第 442 页
脚印侦探

1. 鸵鸟 = D

2. 长颈鹿 = F

3. 犀牛 = E

4. 非洲野犬 = C

5. 狮子 = B

6. 大象 = A

第 443 页
实地考察

	津巴布韦	博茨瓦纳	坦桑尼亚
尼克		✓	
玛丽亚	✓		
焦			✓

	津巴布韦	博茨瓦纳	坦桑尼亚
比卡			✓
廷比	✓		
纳塔		✓	

第 444 页
拼图

第 445 页
走出非洲

角马、猎豹、耳廓狐、胡狼、狐獴。

第 447 页
犬科家族

北极狐　　　　貉　　　　薮犬

赤狐　　　　灰狼　　　　豺

第 448 ~ 449 页
小测验

1. B. 马达加斯加

2. 犬科

3. 黑斑羚

4. 濒危

5. 一次

6. 尼罗鳄

7. 四个

8. 为了防止鬣狗和狮子抢走猎物

9. 70% ~ 80%

10. 灰狼

11. 向各个方向旋转

12. A. 打喷嚏

13. 土豚

14. 单眼视觉

15. 母乳

16. 黎明和黄昏

17. 世界上最成功的捕食者

18. 幼崽

19. 至少 70%

20. 食物网

第 450 页
海报谜题

山姆选择的是海报 B。

第 451 页
被包围了!

（答案不唯一，仅供参考）

黑猩猩小游戏

现在，你对黑猩猩的知识了解多少了呢？运用所学，试一试下面这些有趣的游戏和测试吧。你还能学习如何画一只黑猩猩！

你来画！

想画一只黑猩猩吗？按照下面的步骤试一试吧！

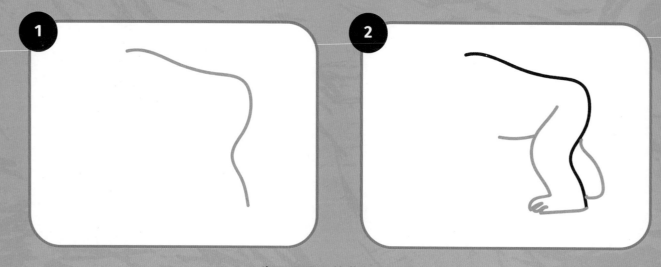

先画黑猩猩的背部和后腿。

接下来画手臂，再画出头和耳朵。

最后画出黑猩猩的面部器官，并涂上颜色。小黑猩猩的脸和耳朵是粉红色的，
但如果你画的是成年黑猩猩，可以把脸涂成黑色。

保持平衡

开动脑筋，判断以下哪种颜色的水果最重，哪种颜色的水果最轻。

另外，最下面的天平右侧需要放几个橙色的水果，才能使天平平衡?

变化的方块

与上图相比，下图中有八个方块的位置发生了变化，你能将它们找出来吗?

脚印迷踪

森林的地面上有许多脚印，其中只有一个是黑猩猩的，你知道是哪一个吗?

谁是谁？

右边这些描述分别对应哪张图片？

1. 大猩猩是体形最大和体重最重的猿类，有硕大的胸部。

2. 倭黑猩猩体形中等，面部除嘴唇是粉色的，其余部位是黑色的。

3. 长臂猿是一种体形较小的猿类，手臂极长，毛发蓬松。

4. 人类直立双腿行走，脑容量大，体毛较少。

5. 猩猩长着橙色的长毛，腿短臂长。

6. 黑猩猩体形中等，小时候面部呈粉红色。

觅食时刻

将自己想象成图中的黑猩猩，想办法绕过岩石到达白蚁丘，钓出美食一饱口福吧。别忘了带上钓竿!

终点

起点

非洲动物

以下哪些动物生活在非洲? 其他动物又生活在哪里?

长颈鹿

雪豹

疣猪

豹

考拉

灰狼

黑斑羚

鸸鹋

鬣狗

横行竖列对角线

根据线索将数字填入对应的方格。如果你填对了所有数字，那么每一行、每一列、每一条对角线上的数字之和都应该是 15。

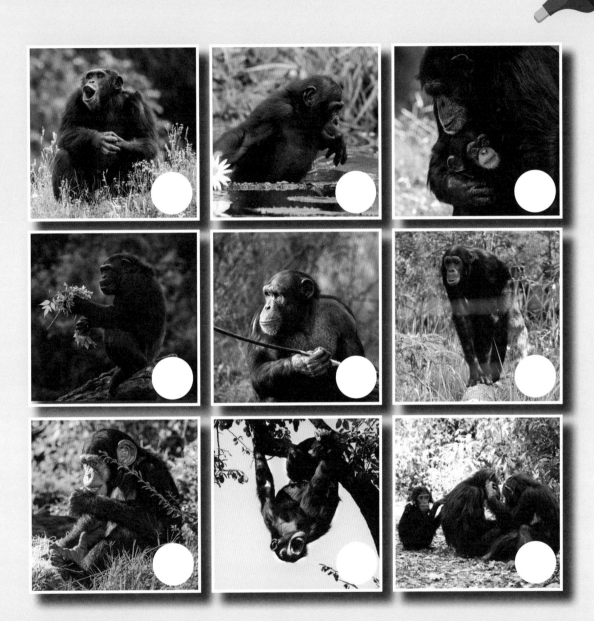

线索

方格 **1** 中有一只黑猩猩站在木头上。

方格 **2** 中是一只黑猩猩幼崽。

方格 **3** 中的黑猩猩正在涉水而行。

方格 **4** 中的黑猩猩正发出吼声。

方格 **5** 中的黑猩猩拿着一根棍子。

方格 **6** 中有三只黑猩猩在互相理毛。

方格 **7** 中的黑猩猩在树上荡来荡去。

方格 **8** 中有一只黑猩猩抱着它的孩子。

方格 **9** 中的黑猩猩拿着很多树叶。

拼图

找出下列拼块在拼图中的对应位置。找完后再看看，还少了哪一块?

找不同

这两幅图有六处不同, 你能把不同之处都圈出来吗?

树上居民

这些动物大部分时间都在树上度过。你知道它们是谁吗? 把动物名写在每张图片旁。

狐猴
懒猴
考拉
松鼠
猩猩
树袋鼠
树懒
小熊猫
蛛猴

1.

2.

3.

4.

5.

6.

7.

8.

9.

实地研究

研究人员已经在野外研究黑猩猩多年。根据以下线索，判断研究每组黑猩猩的分别是谁，以及他们各自研究了多长时间。

尼科研究的不是黑猩猩西非亚种。

提杰研究黑猩猩的时间比艾拉短，但比尼科长。

研究黑猩猩指名亚种的人做实地研究的时间最短。

对黑猩猩东非亚种的研究已持续 3 年。

	黑猩猩西非亚种	黑猩猩指名亚种	黑猩猩东非亚种
尼科			
艾拉			
提杰			

	1 年	3 年	5 年
尼科			
艾拉			
提杰			

一气呵成

这幅巧妙的画仅用一笔就能画成,你也来试着模仿一下吧!

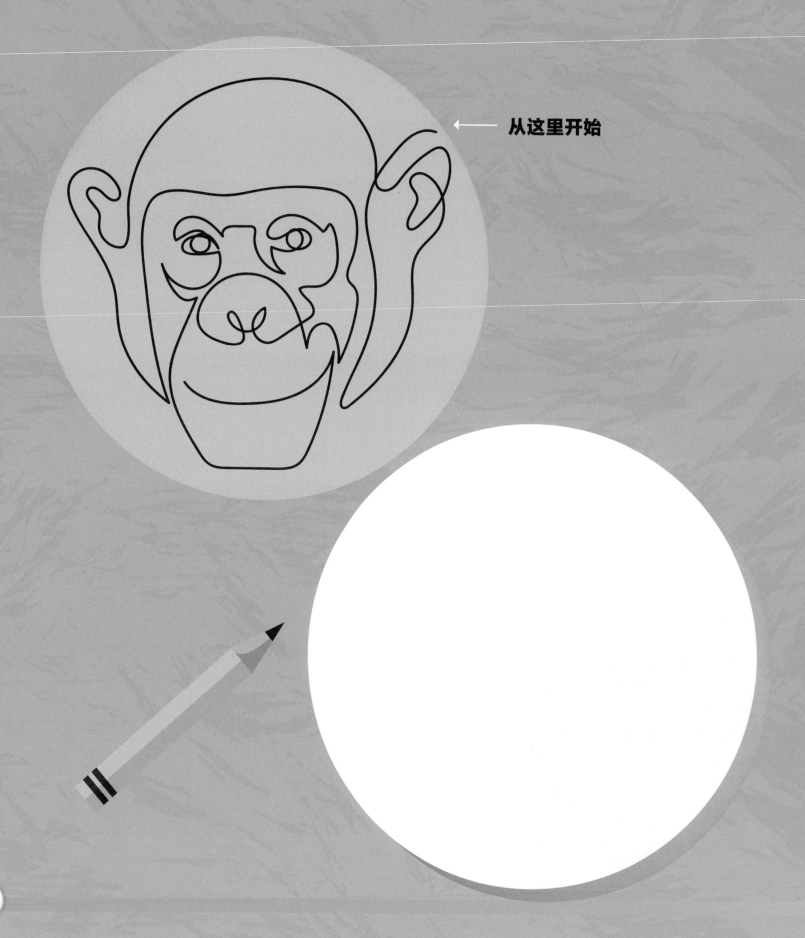

← 从这里开始

帮帮黑猩猩

下面这只黑猩猩遇到了难题，请你帮它算出每种水果代表哪个数字。

动物大巡游

你能根据这些非洲动物的剪影说出它们的名字吗? 以下名单供你参考。

1. 雄狮
2. 雌狮
3. 疣猪
4. 鸵鸟
5. 兀鹫
6. 长颈鹿
7. 非洲象
8. 犀牛
9. 斑马
10. 鹭
11. 瞪羚
12. 猎豹
13. 鬣狗

黑猩猩知识小测验

你对黑猩猩、它们的生活地点、生活方式以及它们的近亲种类了解多少？
通过这些问题来测试一下吧。

1
哪种猿类的体形最大？

2
黑猩猩和倭黑猩猩生活在哪个大洲？

3
黑猩猩的手臂和腿哪个更长？

4
黑猩猩是群居动物吗？

5
黑猩猩群的首领是雌性和还是雄性？

6
生活在亚洲的大型类人猿叫什么？

7
黑猩猩的手掌和脚底都长着浓密的毛发。该描述是对还是错？

8
黑猩猩吃得最多的是什么？种子、果实还是鸟蛋？

9
黑猩猩有多少颗牙齿？

10
黑猩猩用什么工具来钓白蚁？

11
非洲大草原上有哪两种季节？

12 黑猩猩的妊娠期是多长时间? 三个月、五个月还是八个月?

13 黑猩猩用什么搭窝?

14 在食物网中, 蚂蚁是消费者还是生产者?

15 类人猿没有而大多数灵长类动物都有的是什么部位?

16 黑猩猩用咧嘴表示害怕或生气。该描述是对还是错?

17 是谁改变了人们对类人猿使用工具的看法?

18 猩猩有多少种?

19 "野味"指的是什么?

20 包括猴、类人猿、狐猴和懒猴在内的动物类群统称为什么?

答案

第 457 页
保持平衡

紫色的水果最重。

绿色的水果最轻。

需要五个橙色的水果来使天平平衡。

第 458 页
变化的方块

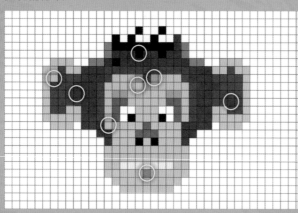

第 459 页
脚印迷踪

F

第 460 页
谁是谁?

第 461 页
觅食时刻

第 462 页
非洲动物

长颈鹿（非洲）

雪豹（亚洲）

疣猪（非洲）

豹（非洲、亚洲）

考拉（大洋洲）

灰狼（北美洲、欧亚大陆）

黑斑羚（非洲）

鸸鹋（大洋洲）

鬣狗（非洲、亚洲）

第 463 页
横行竖列对角线

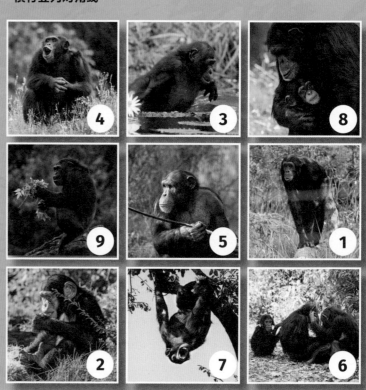

第 464 页
拼图

第 465 页
找不同

第 466 页
树上居民

1. 蛛猴
2. 树懒
3. 小熊猫
4. 树袋鼠
5. 猩猩
6. 考拉
7. 狐猴
8. 松鼠
9. 懒猴

第 467 页
实地研究

	黑猩猩西非亚种	黑猩猩指名亚种	黑猩猩东非亚种
尼科		✓	
艾拉	✓		
提杰			✓

	1 年	3 年	5 年
尼科	✓		
艾拉			✓
提杰		✓	

第 469 页
帮帮黑猩猩

= 1   = 2   = 3

第 470 ~ 471 页
动物大巡游

第 472 ~ 473 页
黑猩猩知识小测验

1. 大猩猩
2. 非洲
3. 手臂
4. 是的
5. 雄性
6. 猩猩
7. 错
8. 果实
9. 32 颗
10. 树枝或木棍
11. 旱季和雨季
12. 八个月
13. 树叶和树枝
14. 消费者
15. 尾巴
16. 对
17. 珍妮·古道尔
18. 三种
19. 为供当地人食用而被捕杀的野生动物
20. 灵长类动物